水陆两栖动物
知多少

SHUILULIANGQIDONGWU
ZHIDUOSHAO

吴波◎编著

集知识、故事、欣赏于一体！
生物爱好者必备！

完全
典藏版
探索生物密码

中国出版集团
现代出版社

图书在版编目（CIP）数据

水陆两栖动物知多少 / 吴波编著 . —北京：现代
出版社，2013.1 （2024.12重印）

（探索生物密码）

ISBN 978 – 7 –5143 – 1031 – 3

Ⅰ.①水… Ⅱ.①吴… Ⅲ.①两栖动物 – 青年读物
②两栖动物 – 少年读物 Ⅳ.①Q959.5 –49

中国版本图书馆 CIP 数据核字（2012）第 292920 号

水陆两栖动物知多少

编　著	吴波
责任编辑	刘春荣
出版发行	现代出版社
地　址	北京市朝阳区安外安华里 504 号
邮政编码	100011
电　话	010 – 64267325　010 – 64245264（兼传真）
网　址	www. xdcbs. com
电子信箱	xiandai@ cnpitc. com. cn
印　刷	唐山富达印务有限公司
开　本	710mm×1000mm　1/16
印　张	12
版　次	2013 年 1 月第 1 版　2024 年 12 月第 4 次印刷
书　号	ISBN 978 – 7 – 5143 – 1031 – 3
定　价	57.00 元

前 言

春天，青蛙把卵产在池塘或稻田里，不久许多小蝌蚪就孵化出来，可是小蝌蚪长得一点也不像自己的妈妈。小蝌蚪找妈妈的故事，我们从小就读过，为什么小蝌蚪不像自己的妈妈呢？

仔细看看，蝌蚪有尾巴可以游泳，用鳃呼吸水里的氧气……总之，它们具有许多水生生物的特点，是地道的水生动物。很快，小蝌蚪就会长出后肢，随后伸出前肢，尾巴逐渐萎缩消失，鳃也退化而长出肺来。这时，它们就会爬到陆地上，开始用肺呼吸的陆地生活，捕食各类昆虫了。

原来，像青蛙、蟾蜍这类动物，动物学上称之为两栖动物。那么，为什么叫做两栖动物呢？两栖动物是最原始的陆生脊椎动物，既有适应陆地生活的新的性状，又有从鱼类祖先继承下来的适应水生生活的性状。两栖动物最初出现于古生代的泥盆纪晚期，最早的两栖动物被称为迷齿类，在石炭纪还出现了壳椎类，这两类两栖动物在石炭纪和二叠纪非常繁盛，被称为两栖动物时代。二叠纪结束后，壳椎类全部灭绝，迷齿类也只有少数存活了一段时间。进入中生代以后，出现了现代类型的两栖动物。

本书将对现在的两栖动物进行详细的介绍，全书分为七章：第一章水陆世界里的动物趣闻，第二章现代两栖动物综述，第三章追根溯源话两栖，第四章蛙类和蟾蜍类，第五章鲵类，第六章蝾螈类，第七章蚓螈类。让我们一起去探寻两栖动物世界里的生存奥秘吧！

目 录

水陆世界里的动物趣闻

奇怪的青蛙…………………………………………………… 1
青蛙家族的那些事………………………………………… 3
不一般的癞蛤蟆…………………………………………… 6
世界之最的蛙类…………………………………………… 9
蛙类的秘密………………………………………………… 12
蛙里的另类………………………………………………… 14

现代两栖动物综述

两栖家族的成员…………………………………………… 18
独特的两栖动物…………………………………………… 20

追根溯源话两栖

水陆之间徘徊的动物……………………………………… 28
古代两栖类的兴替………………………………………… 31
总鳍鱼类——两栖动物的先祖………………………… 36
进化的历程………………………………………………… 39
脊椎的多样性……………………………………………… 44

蛙类和蟾蜍类

伟大的"庄稼卫士" ………………………… 48

蛙类的冬眠 ………………………… 52

蛙类的外部形态 ………………………… 54

蛙类的繁殖 ………………………… 56

蛙类的语言 ………………………… 60

能吃的无斑雨蛙 ………………………… 62

最毒的箭毒蛙 ………………………… 65

药肉兼用的林蛙 ………………………… 67

蛙里的"巨人"和"矮子" ………………………… 70

鼓膜特殊的蛙 ………………………… 74

特殊皮肤的蛙类 ………………………… 76

叫声个性的蛙类 ………………………… 79

不同花纹的蛙类 ………………………… 81

高原上的蛙类 ………………………… 85

形形色色的"青蛙王子" ………………………… 89

各种湍蛙 ………………………… 99

各种浮蛙 ………………………… 103

各种狭口蛙 ………………………… 105

各种姬蛙 ………………………… 109

各种树蛙 ………………………… 113

外表丑陋的癞蛤蟆 ………………………… 123

独特的"育儿经" ………………………… 126

脚蹼特别的蟾蜍 ………………………… 128

各种齿蟾 ………………………… 131

角蟾亚科的各种蟾 ………………………… 133

各种髭蟾 ………………………… 139

各种角蟾 ………………………… 142

几种特殊的蟾蜍 ………………………… 147

鲵类

大鲵 …………………………………………………………………… 152

小鲵 …………………………………………………………………… 155

山溪鲵 ………………………………………………………………… 160

北鲵 …………………………………………………………………… 163

蝾螈类

蝾螈 …………………………………………………………………… 167

肥螈和瘰螈 …………………………………………………………… 171

疣螈和棘螈 …………………………………………………………… 174

几类特殊的螈 ………………………………………………………… 178

蚓螈类

两种蚓螈 ……………………………………………………………… 181

水陆世界里的动物趣闻

在研究水陆世界里的动物时，人类发现了很多奇闻趣事。比如：青蛙，顾名思义，它的皮肤应当是青绿色的，当然也有不少青蛙是棕灰色的。但很少有人知道，美丽的天蓝色居然会成为青蛙的外衣。有一种尖鼻蛙，当春天来临万物复苏的时候，它会像人们要脱去冬装换上春装一样，换上它专有的春季时装——一种特别的发情体色，但这种天蓝的体色只有当它在水中的时候才显现出来，一旦离开了水，它就又恢复本来的面目——并不十分漂亮的棕灰色。在两栖动物的世界里，像这样的趣事还有很多，本章挑选了一些有代表性的动物趣闻介绍给读者，希望读完后能激起你研究两栖动物的强烈好奇心。

奇怪的青蛙

岩石里百万岁的活青蛙

在法国巴黎近郊的一个采石场里，工人们从地下四五米深的石灰岩层里采出一块块的石灰石，从一块刚劈开的石头里，竟然发现了 4 只活着的青蛙。它们并列地排在一起，各有各的住所。当它们从石头里出来以后，还能活蹦乱跳，它们的体形和动作与今天的普通青蛙基本相似，并没有特殊的地方。

据美国科学家研究认为，这里的石灰岩层在 100 多万年前就形成了，所以

1

这4只青蛙可能是在岩层形成时即藏伏在岩石中了，它们已经在岩石中休眠了100多万年，可谓世界上寿命最长的动物。它们在与空气、阳光、水、食物等完全隔绝的长时间里，是靠什么来维持生命的，这至今还是一个谜。

十条腿的长尾青蛙

美国一位两栖动物专家，曾捕捉到一只罕见的10条腿的青蛙。它的身体比一般青蛙略大呈椭圆形，草绿色的表皮上夹杂着深蓝色线条花纹，身体两侧生长着10条腿，其中最长的两条腿有12厘米长，奇特的是它的身后还有一条长尾巴。它的叫声粗犷洪亮，犹如击鼓。这种奇怪的青蛙在世界上还是第一次发现，引起了生物学家们的研究兴趣。

知识点

石灰石

石灰石主要成分是碳酸钙（$CaCO_3$）。石灰和石灰石大量用做建筑材料，也是许多工业的重要原料。石灰石可直接加工成石料和烧制成生石灰。石灰有生石灰和熟石灰。生石灰的主要成分是CaO，一般呈块状，纯的为白色，含有杂质时为淡灰色或淡黄色。生石灰吸潮或加水就成为消石灰，消石灰也叫熟石灰，它的主要成分是$Ca(OH)_2$。熟石灰经调配成石灰浆、石灰膏、石灰砂浆等，用作涂装材料和砖瓦黏合剂。

延伸阅读

在胃里孵化的青蛙

在澳大利亚昆士兰州森林里，新发现一种罕见的从胃里孵卵、从嘴里生出的奇蛙。这种青蛙身长约55厘米，当雌蛙在水中产卵后，休息半小时左右，便将已受精的卵全部吞咽到胃里。蛙卵在胃里要孵化8个星期。在此期间，雌蛙不食任何东西。当小青蛙孵出后，还须在母体里长到能在水中浮游时才出来。这时，雌蛙把嘴巴张得大大的，一两分钟后，小青蛙便一个接一个地从妈妈嘴里跳出来。

目前，科学家们正在研究这种青蛙在胃里孵卵的特性，以及它在怀孕时从胃里分泌出来一种能够医治人的胃溃疡病的特殊物质，使之造福于人类。

青蛙家族的那些事

一片蛙声

青蛙发出的叫声清脆响亮："呱呱呱"、"咽咽咽"。蟾蜍发出的叫声低而浑浊："嘎啦——嘎啦——"。树蛙发出的叫声多变，除了能发出类似蛙的叫声外，还会发出像昆虫那样的"嘘嘘"、"唧唧"的声音。蛙类的叫声多种多样，人们可以凭着叫声来判断它们的种类。

雄蛙的鸣声嘹亮，雌蛙的鸣声轻微。蛙类的鸣声在繁殖季节最为频繁、洪亮。科学家一直认为，蛙类的鸣声是雄蛙吸引雌蛙的信号。1958年，美国科学家在野外用喇叭播放雄蛙和雄蟾蜍鸣声的录音，结果雌蛙和雌蟾蜍朝喇叭方向移动。

科学家发现，雌蛙对同一种雄蛙的鸣声非常敏感。同一种雄蛙中的不同个体，尽管鸣声差别很大，但是同种的雌蛙却能听得懂，知道它们都是自己人。相反，其他种类蛙的鸣声，雌蛙也能听得出它们是"外人"。雄蛙的鸣声，不但能吸引雌蛙，而且也能引起别的雄蛙的呼应。在池塘边，这种雄蛙的此呼彼应，常常汇成一片蛙类的大合唱。

蛙类的大合唱，通常是由一只老蛙领唱。大合唱一经开始，就会很长时间地演唱下去。大合唱有利于蛙寻找配偶，因为合唱比独唱声音更为洪亮，传得更远，就能吸引更多的雌蛙。科学家还发现一个有趣的现象：蛙类的大合唱并不是雄蛙各自乱唱，而是有一定的规律、互相配合得很好的名副其实的合唱。有一种树蛙，它们的"歌声"是一支三重唱。3只雄树蛙，以3种不同的音调依次鸣唱，此起彼落，配合十分默契，听起来和谐动听。科学家认为，像这样有组织的合唱，可能要比零乱的独唱包含更多的信息。

红眼树蛙

雌蛙听到雄蛙的"歌声"以后，就向雄蛙靠拢。雄蛙紧紧抱住它所发现的雌蛙。如果被抱住的是只雄蛙，它就会发出一种叫声，这是一种请求释放的信号。雄蛙听见了，就会松开"双手"。如果抱住的是怀卵的雌蛙，雌蛙就安静不动，这也是一种表示同意的无声信号。

美洲有一种树蛙，背上有彩色的条斑，它们的繁殖过程与众不同。先是雄蛙发出时断时续的叫声，雌蛙听见以后就追逐雄蛙，雄蛙再一蹦二跳地转移。它们就这样一前一后在树枝间穿行。在长时间追逐中，如果雄蛙发现身后的雌蛙没跟上，还会发出急促的叫声，招呼雌蛙追上来，一直等找到合适的产卵场地才停下来。

蛙类的"语言"，除了在繁殖时期起重要作用之外，平时当遇到敌害的袭击，蛙也会发出急促的叫声，那是在向同伴们发出警报。

大迁徙

1985 年 5 月 2 日到 7 日，四川省巴中县午凤乡的王家湾，突然出现了成群结队的青蛙。它们从河里爬出来，整齐地分成两列纵队，浩浩荡荡地向附近海拔 550 多米的高山进发。

有人估计，这些青蛙有几十万只。前来围观的人络绎不绝，他们大声谈笑着，但青蛙却旁若无人，仍然奋勇向前。青蛙群路过一条水渠时，由于渠宽沟深，无法通过。一位好心人把石条搁在上面，青蛙便排成单行通过石"桥"，向高山爬去。为什么会出现这一奇怪的现象，科举家现在还无法解释。

这种青蛙集群大迁徙的罕见现象，引起了科学家们的注意。四川成都生物所派出科研人员，亲赴现场，跟踪考察，拍摄实况，并捕捉了百余只青蛙作实验标本。经研究确认，这是一种小型湍蛙，喜栖息于密林深处，密集群居。每当交配季节，为求偶产卵，并寻找气温适宜、水源充沛的地域进行繁殖，所以集群迁徙，出现人们罕见的蔚为奇观的现象。

惊魂的蛙战

1970 年 11 月 7 日，马来西亚的森吉西普地方，出现了一个惊心动魄的场面：在一片震耳欲聋的鸣叫声中，成千上万的青蛙在鏖战，你撕我咬，非常激烈。这场"蛙战"足足打了一个星期。等到动物专家赶来调查时，池中只留下大片大片的蛙卵、蝌蚪和死蛙了。

"蛙战"并不罕见，在我国湖南会同县郊区和四川省成都市近郊，都曾发生过这类"蛙战"。据科学家推测，这种"蛙战"可能是蛙类繁殖的正常现象，它往往出现在久旱大雨后的凌晨，大雨给蛙卵和蝌蚪的发育生长创造了水域环境。因为在长期干旱的情况下，青蛙是不会产卵的，即使腹内卵已成熟，也只好等待。所以，一旦大雨降临，青蛙便倾巢而动。雄蛙首先选择适宜的水域环境，大声鸣叫，招引雌蛙，形成群蛙争鸣的场面，结果成百上千只蛙被招到同一水域寻找配偶。在交配过程中，雄蛙追抱雌蛙，两只或三只雄蛙争抱一只雌蛙或雄蛙彼此错抱的现象屡见不鲜，因此就形成了群蛙"大战"的奇异场面。

青蛙又为什么会死呢？大家知道，蛙类并没有殴斗的武器，也不可能伤害另一只青蛙。青蛙死亡的原因可能有下列几点：雌蛙怀卵体笨，若被多只雄蛙紧紧抱住，就会窒息死亡；蛙类经过冬眠之后体质较差，有的因交配产卵过程中力衰过度致死；俗称癞蛤蟆的蟾蜍，受到某种刺激，分泌出白色有毒的浆液，这种浆液对人体无害，但青蛙接触后，有可能中毒身亡。这些解释也只是一些推测，真正的原因还未证实。

蟾 蜍

知识点

蟾 蜍

蟾蜍，也叫蛤蟆。两栖动物，体表有许多疙瘩，内有毒腺，俗称癞蛤蟆、癞刺。在我国分为中华大蟾蜍和黑眶蟾蜍两种。从它身上提取的蟾酥、以及蟾衣是我国紧缺的药材。

➡ 延伸阅读

蟾蜍与青蛙的区别

蟾蜍实际上是蛙类的一种，所以从科学的角度看，所有的蟾蜍都是蛙，但不是所有的蛙都是蟾蜍。二者的区别是：①蝌蚪的区别：青蛙的蝌蚪颜色较浅、尾较长；蟾蜍的蝌蚪颜色较深、尾较短。②卵的区别：青蛙的卵堆成块状；蟾蜍的卵排成串状。

不一般的癞蛤蟆

最聪明的求爱

鲁西亚诺·帕瓦罗蒂那轻快有节奏的男高音独唱也许会使世界上的女性为之神魂颠倒。但是，据《科学》杂志报道，一只雌性蛤蟆听到雄性蛤蟆求爱的叫声，对声音高的表示藐视，而喜欢声音低沉的。

在实验中，俄亥俄州立大学的动物学家林肯·费尔查尔德发现，所有用于实验的 14 只雌性蛤蟆都朝着声音低沉的喇叭声跳去，这种喇叭声是模仿了 6.6 厘米大小雄性蛤蟆的叫声，它们对一只声音较高的只有 4.3 厘米的雄性蛤蟆却不屑一顾。

这种低沉的叫声有可能就是特大的雄性蛤蟆发出的。如果一只骨瘦如柴的雄性蛤蟆跑到气温较低的地方，它就能改变自己的声音，而变得低沉，使雌性蛤蟆受骗，误认为对方是健壮的雄性大蛤蟆。特别是这种求爱常常发生在夜晚和雷雨中，而这时的能见度比较差。

既然低温能使雄性蛤蟆产生深沉的具有诱惑力的声音，那么雄性蛤蟆求爱的欲望越强，它们也就会越往池塘中冷的地方跑。在美国北卡罗来纳的某个池塘里，费尔查尔德发现，在8只最大的雄性蛤蟆中有5只趴在阴凉的栖息地。通常小的雄性蛤蟆往往被驱赶到岸上比较暖和的地方。不过它们偶尔也能设法悄悄地钻进池塘里去，模仿声音低沉的大蛤蟆，引雌性蛤蟆上钩。

癞蛤蟆勇斗大公鸡

1983年5月的一天上午，在我国广州市郊的一个村庄，发生了一件癞蛤蟆斗大公鸡的奇异事件。

据目击者说，一只大公鸡突然发现了正在草丛中休息的一只癞蛤蟆，便立即紧紧地盯着。双方对峙了10多秒钟后，大公鸡一声尖叫扑了上去，它用尖锐的喙在癞蛤蟆头上身上乱啄，癞蛤蟆无力抵抗只好东躲西闪，肚皮胀得圆圆的，嘴巴张得大大的，直对着大公鸡喷气。不一会儿，癞蛤蟆全身被啄得血迹斑斑，渗出了点点乳白色的液浆，一动不动地趴着。

围观者都肯定癞蛤蟆死多活少了。不料就在这时，大公鸡像喝醉酒一样脚步轻浮，东倒西歪，一个趔趄栽倒在地昏迷过去了。而癞蛤蟆这时却仍在缓慢地爬动，它居然还活着。

癞蛤蟆学名蟾蜍，是捕食害虫的有益动物，它的耳后腺和皮肤腺能分泌一种乳白色的毒液，就是人们药用的"蟾酥"。大公鸡突然昏倒在地，就是因为中了这种蟾毒。

被虫吃掉的蟾蜍

英国BBC电视台，曾经播放了一个特别节目——"虫吃蟾蜍"，引起了观众的浓厚兴趣，因而使这家电视台身价倍增。这一揭示大自然反常现象的录像片，是美国生物学家在亚利桑那州农村沼泽地区录制的。

在广阔的沼泽地区，生物学家发现一只蟾蜍止步不前，在抖动着躯体。仔细一看，原来一条马蝇的幼虫正在螫刺这只蟾蜍，把口中的毒素注射到猎物体内。当蟾蜍处于麻木、晕眩状态时，马蝇幼虫再吮吸猎物的血液和体液，直到吃得身体溜圆滚胖为止，与此同时那只可怜的蟾蜍却变得瘦小死去。

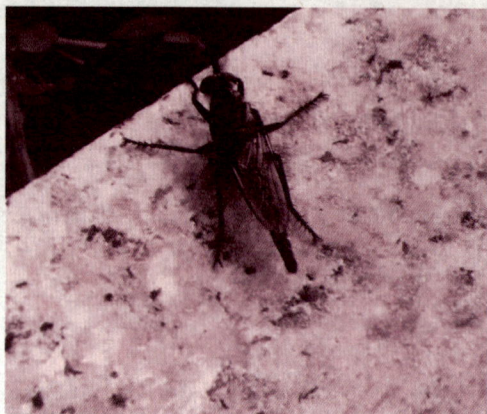

马 蝇

通常，马蝇幼虫吃蟾蜍，是在幼虫长到最大阶段，而蟾蜍则处于刚从蝌蚪发育而来的时期。因为在这个时候，两者的身体大小几乎相当，所以幼虫可以轻而易举地捕食蟾蜍了。

之后，美国一位动物学家在洞穴里，又发现一条马蝇的幼虫咬住一只蛙。这只蛙的体重，估计要比幼虫大 20 倍～30 倍，好像一个体重只有 50 千克的人，紧紧拉住一个 1500 千克重的物体一样，真是自然界里的一大奇观啊！

科学家认为，在正常情况下，马蝇的幼虫以蟋蟀和甲虫为食，但每当蟾蜍或蛙在它们面前出现的时候，往往会激起幼虫新的食欲要求。

知识点

马 蝇

昆虫名，是双翅目虻科虻属的昆虫，成虫比一般的蝇大。头大，身体表面生有细毛，像蜜蜂，口器退化，不摄取食物，主要靠吸食哺乳动物的血液维生，多生活在野外。卵产在马、驴、骡等的毛上，孵出的幼虫被动物舔毛时带入体内而寄生在胃里。马蝇属于双翅目，但属于不同科，马蝇属于胃蝇科。

▶ 延伸阅读

青蛙的求爱之声

青蛙在求偶过程中为什么一直叫个不停？此前科学家一直迷惑不解。现在他们发现，仅仅通过注射性激素就能促使雄蛙更卖力地给雌蛙唱情歌。这是科学家首次揭开了性激素在青蛙求爱过程中所扮演的重要角色。这种激素还能在人类大脑中起作用，研究人员表示，青蛙的研究将让人类求爱的生物学变得更加清楚明了。在青蛙的世界里，它们利用叫声引诱配偶，压制其它竞争的雄性。众所周知，促性腺激素在繁殖和性器官发育中起着重要作用。纽约哥伦比亚大学的科学家展示了将促性腺激素注入南非有爪蛙（光滑爪蟾）的大脑后，激素产生的刺激让它的求爱歌声更加嘹亮。控制情歌的大脑区域包含一种对促性腺激素作出反应的蛋白质。这项研究结果发表在美国《国家科学院学报》上。

世界之最的蛙类

巨大的蝌蚪

青蛙产卵孵化后的幼仔叫蝌蚪，每当春夏之际，我们常常可在池塘边或小溪中看到成群结队的小蝌蚪，一般只有一二厘米长，至多不超过 5 厘米。但是，在南美洲亚马孙河流域却生活着一种大得惊人的蝌蚪，它是由一种叫"不合理蛙"的卵孵化出来的，其身长往往超过 25 厘米。奇怪的是这样更大的蝌蚪在变蛙过程中，却不符合生态学说——大蝌蚪应该变成大蛙，它不是变大而是变小了。在变为蛙以后，其身长比幼体缩小了 2/3，故人们给它起了个奇趣的名字——"不合理蛙"。这种巨大的蝌蚪，可以食用，肉味鲜美。当地人常以蚱蜢为钓饵，或以网来捕捉它，以供食用或到市场上出售。

最爱吃蛇的青蛙

蛇，历来被认为是青蛙的大敌，但在巴拿马的热带森林里有一种青蛙，却

烟　蛙

专以蛇、鼠和小鸟为食，反而成了蛇的大敌。这种青蛙全身呈黄褐色，背上有几条深黄褐色的斑纹，它的皮肤会随着环境的变化而加深为深褐色，故又名为烟蛙。

烟蛙体重约 50 克左右，但浑身肌肉非常发达。胸前长有两块坚硬的乳头状肌肉，犹如一把钳子，能牢牢地夹住捕获物。它吞食时很有耐心，吃一条 60 厘米长的小蛇，起码需两天的时间，吞下后便静卧不动，直到把食物全部消化掉，才又恢复活动。

最大的蛙

蛙类动物，全世界约有 2000 多种，绝大多数很小、很轻。古巴的"牛蛙"比较大，一度认为是蛙族之"冠"，但它最大时也只能长到一公斤。而 1966 年被发现的巨蛙，却远远地超过了牛蛙。

巨蛙，真名叫"哥利亚蛙"，生长在非洲赤道北部的雨林里，样子很像美洲的牛蛙。它身长为 0.9 米，体重在 3 千克以上。这种巨蛙喜欢静伏在急流或瀑布的石壁上，借急流的冲击或瀑布的落差形成的水雾来湿润皮肤。当地居民称此巨蛙为"利蒙那"，意即"母亲的儿子"。因为它静静地卧伏于光滑的石壁上，乍看时很像刚生出的幼婴，头大如茶盘，四肢粗如人的手腕，趾端长有吸盘，靠此吸伏在极为光滑的岩面上。

哥利亚巨蛙

巨蛙听觉灵敏，人难以接近，但它无法察觉背后来的东西。由于这一缺陷，往往被人巧妙地捉住。

最大与最小的蟾蜍

蟾蜍分布于世界各地，一般的体形都不太大，常见的大蟾蜍，身长也只十几厘米。可是生活在南美和中美地区的一种海蟾蜍，身长达25厘米，体重约1千克之多，堪称蟾蜍之王。当地人们称它为大蟾或巨蟾。这种大蟾蜍善捕捉害虫，它的背部满布瘰粒和毒腺，能够分泌一种有毒液体。凡吃它的动物一咬即会产生火辣辣的灼热感觉。人要中了这种毒，肚子会胀得像个大球，严重者会丧失生命。蟾蜍的叫声像母狗的嘶哑声，听了很不舒服，但由于它是甘蔗田的"忠实卫士"，现已遍及世界各地，受到人们的保护。

世界上最小的蟾蜍，是1906年在非洲莫三鼻给发现的一种蟾蜍，它从鼻尖到尾端，整个身长不足2.5厘米，它是蟾蜍中极为珍贵的一种。

知识点

蝌 蚪

蝌蚪是蛙、蟾蜍、蝶螈、鲵等两栖类动物的幼体，刚孵化出来的蝌蚪，身体呈纺锤形，无四肢、口和内鳃，生有侧扁的长尾，头部两侧生有分枝的外鳃，吸附在水草上，靠体内残存的卵黄供给营养。

➡ 延伸阅读

最长寿的两栖动物

世界上有记录的寿命最长的两栖动物，是日本产的一只雄性大鲵。它于1829年捕获后，运到荷兰饲养时，只有3岁，到1881年死在荷兰阿姆斯特丹动物园时，已经活了55年，几乎与人的寿命差不多。如果它在自然界里自由生活，据说可活到 100 多年。

蛙类的秘密

沙漠中的"水蛙"

人们难以想象青蛙在澳大利亚中部沙漠中生存的情景。这个地区年降雨量极少，在干旱季节，这个地方的溪流与池塘会完全干枯。这意味着两栖动物不仅要在干旱之中求生存，而且还要迅速产卵，然后再去准备迎接下一个旱季的到来。

有一种载水青蛙能很成功地战胜干旱给它们带来的困难。在干旱到来之前，载水青蛙会将水分吸入自己的皮肤之中，这时它们看上去像一只只大水袋，然后这种青蛙趁地下还湿润的时候挖一个洞，躺在里边进行休眠。它们将洞口封闭起来，就这样度过整个旱季。

当雨季来临，大地湿润之时，青蛙就会从地穴中跳跃出来，重新在体内载足水分，然后进行交配，繁殖下一代。孵卵的过程很快，只需要 1～2 个星期的时间，也就是说等幼蛙出世时，水还是充足的。蛙成长的速度很快，它们以捕食昆虫为生，雨季昆虫也是较多的。到下一个旱季来临之时，这些幼蛙也能同它的"父母"一样，在体内载水以渡过难关了。美洲西南部也有这种载水青蛙。

防冻之谜

冬天，为了防止汽车散热器结冰，要加入防冻剂。美国明尼苏达大学的史密德博士发现，有些蛙类竟然也用相似的办法在冬季保护自己。史密德博士在他的实验室里，把许多不同种的蛙冰冻起来，5～7 天后再使之解冻，解冻后这些蛙居然还能活着。经仔细研究，发现在这些蛙类的体液中有一种人们在防冻剂中常用的物质——丙三醇，而在夏天和春天，这种物质在蛙的体液中却找不到。这就是蛙类防冻的秘密。

知识点

防冻剂

防冻剂，根据中华人民共和国建材行业标准 JC 475 - 2004（代替 JC/T475 - 1992），防冻剂定义为：能使混凝土在负温下硬化，并在规定养护条件下达到预期性能的外加剂，它是一种能在低温下防止物料中水分结冰的物质。防冻剂按其成分可分为强电解质无机盐类（氯盐类、氯盐阻锈类、无氯盐类）、水溶性有机化合物类、有机化合物与无机盐复合类、复合型防冻剂。

延伸阅读

史前巨蛙能吃恐龙

美国科学家近来在非洲马达加斯加发现了一种史前巨蛙的化石。据推断，这种巨蛙约有 4.5 千克，40.6 厘米长，它长着牙并可能身有骨质"甲胄"，生活在白垩纪恐龙时代，因此科学家将这种奇特的远古巨蛙命名为"魔鬼蛙"。科学家宣布，他们在马达加斯加西北部发现了被称之为"魔鬼蛙"的两栖类动物化石，它生活在距今 7000 万～6500 万年前。这种蛙异常凶残，它甚至可以吃掉刚出生的恐龙，这是地球诞生以来最大、最凶残的蛙类。路透社援引纽约斯托尼布鲁克大学的考古学家戴维·克劳斯的话报道说，这种凶残的动物比现存的所有蛙类都要大，它也许是有史以来最大的蛙类。这种蛙体格强壮，有很宽大的嘴和强有力的颚。估计它的吃相一定非常难看。《国家科学院学报》上公布了科学家的这一发现。虽然"魔鬼蛙"是蛙中之王，但它并不是最大的两栖类动物，有很多两栖类动物的体形达到了惊人的地步，比如在 2.5 亿年前结束的二叠纪有一种外形像鳄鱼的两栖类动物，其身长可达 9 米。

蛙里的另类

懒惰的"的的喀喀湖蛙"

南美洲的的喀喀湖坐落在海拔 3800 米高的安第斯山上，是世界最高的大淡水湖。在湖里，生活着一种奇怪的难以数计的蛙。据估计数量可达 10 亿只以上，但是湖岸上却找不到它们的踪迹。它不仅过着严格的水栖生活，而且除了的的喀喀湖外，其他河湖里绝难见到，故命名为"的的喀喀湖蛙"。

这种湖蛙有许多奇特之处，一般的成蛙都在陆地上生活，用肺来呼吸，可它却能终生在水中生活，并能潜到 100 米的深度。通过研究得知，的的喀喀湖蛙完全能够在水下呼吸，这是因为它具备另一个特别的呼吸途径。它可不像鱼和蝌蚪那样靠鳃呼吸。它的鳃早在从蝌蚪变态成蛙的过程中就消失了，而它的肺又极不发达，担负不起呼吸功能。的的喀喀湖蛙是靠皮肤来呼吸的，水里的氧通过布满表皮的微血管而进入血液。当然，要做到这一点，得有更多的皮肤与水接触才行，所以它周身上下"挂"满了大大小小的皮肤皱褶，尤其是大腿部的皮褶更多。由于它长年生活在水中，不必要像其它陆上的同类那样用灵巧的舌头捕捉飞虫，所以嘴里的舌头、牙齿都已退化消失。为了便于在湖底的泥沼里搜寻食物，它们的四肢上长着长长的趾，而湖里丰富的食物和舒适环境，又使得它们一个个都成为好吃懒做、爱睡大觉的家伙。

变色龙

变色的雨蛙

在南美洲阿根廷的一些河流、湖泊和沼泽边，生活着一种每逢下雨时就集群大声鸣叫的雨蛙。雨蛙身长仅 45 毫米，能够轻盈地在植物叶片上跳来跳去，而且落点很准，叶片上下摇动，它也不会掉下来。原来它的脚趾末端有黏性的趾垫，可以牢牢地粘住叶片。

它还有防御敌人、进行猎食的巧妙的伪装本领，可以根据周围植物的颜色，变成灰色、橙黄色、绿色等，而且变得很快，可与变色龙相媲美。雨蛙经常选择安全的地方栖息，多在地榆树多刺的叶腋下安身，这样如果敌害想捕捉它，首先会被树刺刺痛，而它却会乘机逃之夭夭。在南美洲还生活着一些很小的青蛙，而最小的就是古巴雨蛙，它的身长仅有 1.2 厘米。它与其他两栖动物的外形有一个共性，就是眼睛长得大大的，为的是更快地找到它要捕捉的昆虫。

能捕鸟的蛙

在我国广西、福建等省，生活着一种头扁而阔，背部有疣，体为暗褐色，有金色斑点的刺蛙。雄性在其胸部和前脚内侧有带刺的小疣，鸣声像啄木鸟，体形比普通青蛙大几倍，力气很大，能够吃蛇和小鸟。刺蛙有一种装死的本领，当捕捉小鸟时，便肚皮朝上躺在河溪旁，小鸟看见后，便飞下来啄食它。此时，装死的刺蛙便用 4 只爪紧紧地搂住小鸟，一翻身滚到河里，不一会它便带着淹死的小鸟，跳到草丛里美餐去了。

刺 蛙

不怕蛇的蛙

在我国湖南西部武陵山中的溪流里，生活着一种学名叫石蛙的特有珍奇蛙。每到夏秋季节，它常常发出"棒！棒！棒！"的怪叫声，故土名又叫棒棒蛙。

棒棒蛙的体形椭圆，长约 20 厘米，呈黑褐色，一般体重约 250 克，最大的有 500 多克，头是三角形，浑身长有 1 厘米长的肉刺，形同蟾蜍，叫声洪亮，250 米之外也可听到它的叫声。如果是初闻其声，会使人胆战心惊，毛骨悚然。

一般蛙类都惧怕毒蛇，而棒棒蛙却是毒蛇的天敌。当毒蛇向它扑来时，它便迅即一跃，两只锐利的前爪死劲箍住蛇的"七寸"，同时把肚皮上的肉刺高高鼓起，卡住蛇颈，毒蛇全力挣扎，也难脱身，其结果不是被毒蛇卡死，便是同归于尽。

敢同毒蛇鏖战的蛙

在我国浙江省的雁荡山上有一种叫蕲蛇的毒蛇，人称"五步蛇"，性极凶残。它常常守候在山洞和水边，捕食山蛙，可是山蛙却敢于同它格斗，甚至可置蛇于死地。

蕲 蛇

每当山蛙发现了蕲蛇，就大喊大叫，并迅速潜入水中，从另一地方钻出来盯住蕲蛇呱呱大叫，潜伏在四周的大小山蛙听到信号，便立即从四面八方蹦跳出来参战。它们团团围住蕲蛇，纷纷向蛇的头部撒尿，有着刺激性的蛙尿使蕲蛇难受万分，晕头转向，不知所措，此时群蛙一拥而上，乱咬乱抓，只要有一只山蛙咬住蛇头，其余群蛙就叮满蕲蛇不放，蕲蛇虽竭尽全力挣扎，也无济于事，经过长时间的鏖战，蕲蛇终因筋疲力尽而死去。

知识点

蕲 蛇

蕲蛇属蝮蛇科、蝮蛇属，咬人后五步即死。蕲蛇全身黑质白花，吻鳞与鼻间鳞均向背方翘起，又叫白花蛇、褰鼻蛇。头呈三角形，背黑褐色，头腹及喉部白色，间或少数黑褐色斑点，称"念珠斑"。属部侧扁，尾尖一枚鳞片尖长，称角质刺，也叫"佛背甲"。蕲蛇产于蕲春蕲州龙峰山，两湖、三角山一带，喜食蛙、蟾蜍、蜥蜴、鸟、鼠等，成长极慢，现也成为濒危动物。蕲蛇味甘咸、性温，具有祛风湿、散风寒、舒筋活络等药效。

不会叫的哑蛙

　　青蛙种类很多，一般都会鸣叫，有的叫声还很特别。如四川峨眉山的弹琴蛙，能发出悦耳的鸣声；中美洲的哨子蛙，声音如同哨子一般。但是也有一种不会叫的青蛙，即我国福建省南澳岛上的哑蛙。它只生存在岛上太子楼附近几百米内，其他地方很少见到。

　　哑蛙长相奇特，体形极小，最大的只有拇指大小，它的脖子上长有一道白圈纹，非常好看。据传说，这是南宋帝赵昺逃至此后，因群蛙整夜鸣叫，使人不得安宁，于是他的侍从便用一条白带当枷，挂在蛙的脖子上，不准它们鸣叫，此后这一带的小蛙便再不鸣叫，并在脖子上留下了一道白圈纹。这种传说固不可信，但是在这弹丸之地却生长着如此稀奇的哑蛙，其原因何在？有待进一步的科学探索。

现代两栖动物综述

现代两栖动物虽然只是四足类中的低等类群，但已经初步完成了从水栖向陆栖的转化，它们身体的各种系统已基本具备了陆生脊椎动物的结构模式，大部分动物能基本适应陆地生活方式，并形成了自己的特点。本章将对现代两栖动物的总体特征：生存环境、行动方式、呼吸喝水的方式等分述如下。

两栖家族的成员

在生物学上，两栖动物主要有三大类群，即有尾目、无尾目和无足目。有尾目，顾名思义，是指那些终生有着发达的尾巴的两栖动物。此目的动物幼体较长，可分为头、颈、躯干、尾、四肢，个别种类没有后肢。头部大都比较扁，颈短、躯干长圆形，体侧常有肋沟。它们的皮肤裸露无鳞，有的光滑湿润，有的也很粗糙，一般都紧贴着皮下肌肉。由于没有鼓膜、鼓室和咽鼓管，一般都不能发声。大多数种类终生栖息于水中，有

蝾螈类、鲵类

些种类成体离水，栖于湿地，还有些种类终生栖息于陆地上。繁殖时产陆生卵，卵直接发育，缺水生幼体阶段。常见的有蝾螈类和鲵类。

无尾目是现代两栖动物中结构最复杂、高等，种类最多而且分布最广的一个类群，如我们常见的青蛙和蟾蜍。它们大都体形宽而短，颈部不明显，成体没有尾，四肢发达，后肢特别强大，适于跳跃、游泳，皮肤裸露，富有黏液。相对于其他两栖纲动物，无尾目更先进，虽然多数已经可以离开水生活，但繁殖仍然离不开水，卵需要在水中经过变态才能成长。

无足目又叫蚓螈目。这一目的动物身体细长，很像蚯蚓，大的长一米多，小型种类只有十多厘米。尾部非常短基本上没有什么用途。眼睛和四肢大都退化。全身裸露，皮肤上有黏液腺。体表有一百多条横沟，沟内有细鳞。脊椎呈双凹形。雄体有由泄殖腔壁突出而成的交接器，体内受精，卵生或卵胎生。它们喜欢穴土钻泥，过地下生活，常以昆虫、蠕虫、蚯蚓等为食，有的还捕食小蛇。常见的有鱼螈和环管蚓等。

鱼螈、环管蚓

知识点

生物学

生物学是自然科学的一个门类，是研究生命系统各个层次的种类、结构、功能、行为、发育和起源进化以及生物与周围环境的关系等的科学。生物学源自博物学，经历了实验生物学、分子生物学而进入了系统生物学时期。生物学的研究对象是动物学、植物学、微生物学、古生物学等；依研究内容，分为分类学、解剖学、生理学、细胞学、分子生物学、遗传学、进化生物学、生态学、生物进化学等；从方法论分为实验生物学与系统生物学等体系。

延伸阅读

两栖动物

两栖动物是一种呼吸空气的陆生脊椎动物，由化石可以推断，它们出现在3.6亿年前的泥盆纪后期，直接由鱼类演化而来，这些动物的出现代表了从水生到陆生的过渡期。两栖动物生命的初期有鳃，当成长为成虫时逐渐演变为肺，因此两栖类可以同时生活在陆上和水中。分类为迷尺亚纲：最古老的两栖动物，早期两栖动物的主干，生存于泥盆纪到白垩纪，其中包括爬行动物的祖先；壳椎亚纲：古老而特化的早期爬行动物，仅生存于石炭纪和二叠纪；滑体亚纲：丛三叠纪延续到现代，包括所有现存的两栖动物，分为无足目、有尾目和无尾目。现代的两栖动物种类并不少，超过4000种，分布也比较广泛，但其多样性远不如其他的陆生脊椎动物。

独特的两栖动物

水陆世界里的呼吸

所有的动物都需要氧气才能生存，两栖动物通过呼吸既可以吸进空气中的氧气，又可以吸进水中的氧气。在变为成体之前，多数两栖动物的幼体要在水中生活。开始时它们没有肺，只是通过羽状鳃进行呼吸。鳃中有大量的小血管，能从水中吸取氧气。鳃既有在体外也有在体内的，这取决于幼体的年龄或两栖动物的种类。两栖动物成年后多数只用肺呼吸。肺就像是体内很薄的囊，与微小的血管相连。两栖动物把空气吸入肺，氧气就逐步进入血管。

两栖动物不仅能用肺呼吸，还能通过皮肤进行呼吸。它们的皮肤很薄，光滑且湿润，上面覆盖一薄层叫黏液的物质。表皮下还有许多血管，血管上有很薄的一层潮湿表面，氧气穿过这层表面进入血液，然后血液载着氧气流遍动物的全身，到达需要氧气的部位。另外，两栖动物还能通过嘴里湿润的衬层呼吸。空气通过皮肤进入体内，皮肤里面排列着许多血管，这样氧可以渗入体内。两栖类的皮肤起到辅助呼吸的作用。

正是有这么多的呼吸方法，大多数两栖动物平时可以呆在水中很长时间而不出水面，甚至整个冬季它都伏在水底度过。这时它的鼻子就停止呼吸空气，而是靠皮肤呼吸空气来维持生命。

血液循环——不完全的双循环

两栖动物的心脏位于体腔前端胸骨背面，被包围在心腔内，其后是红褐色的肝脏。在心脏腹面用镊子夹起半透明的围心膜并剪开，心脏便暴露出来。从腹面观察心脏的外形及其周围血管：

心房：心脏前部的两个薄壁有皱襞的囊状体，左右各一个。

心室：一个，连于心房之后的厚壁部分，圆锥形，心室尖向后。在两心房和心室交界处有明显的冠状沟，紧贴冠状沟有黄色脂肪体。

动脉圆锥：由心室腹面右上方发出的一条较粗的肌质管，色淡。其后端稍膨大，与心室相通。其前端分为两支，即左右动脉干。

静脉窦：在心脏背面，为一暗红色三角形的薄壁囊。其左右两个前角分别连接左右前大静脉，后角连接后大静脉。静脉窦开口于右心房。在静脉窦的前缘左侧，有很细的肺静脉注入左心房。

两栖动物的心脏由水生过渡到陆生，产生了肺，血液循环也随之发生了改变，除了体循环外，还有经过肺的肺循环。同时，心房已分隔为左右两部分。体静脉带来的缺氧的静脉血汇集入静脉窦后，再通入右心房。肺静脉内充氧的动脉血进入左心房，使它们分而不混。但心室还只有一个，因为心室壁上的肌肉柱呈海绵状能吸进血液，从而减少了从两个心房来的血液的混合程度。

又由于动脉圆锥偏于心室的右方，且动脉圆锥内有一个螺旋瓣，因此当心室收缩时，心室右部的缺氧的静脉血首先压出，进入肺动脉；其次流出的混合血进入主动脉弓；最后是心室左方的含氧的动脉血进入颈总动脉，循环到头部，保证了脑部氧的供应。

由于两栖动物只有一个心室，虽然有一定机制保证含氧高的血与含氧低的血不相混合，但毕竟是不完全的双循环，两类血在心室中总有一部分相混，所以两栖动物的输氧效率不高。

特殊的体温调节

与恒温动物不同，两栖动物是冷血变温动物，当它感觉冷时，必须从外界取暖。比如，它们会坐在阳光下取暖，一旦暖和了就又到阴凉处以便让身体体温稳定下来。当两栖动物觉得冷时，行动就会慢下来，因为它们必须保持体温，从而保持活跃。

青 蛙

当两栖动物设法取暖时，它身上湿润的皮肤会给自己带来麻烦。皮肤上黏液中的水分变成水蒸气，在这个过程中会消耗许多热量，这样两栖动物的体温就凉下来。这也意味着，它会失去许多水分，从而面临干燥的危险。这就是为什么两栖动物在潮湿地区生活的原因之一。然而有些生活在干燥地区的青蛙能躲在一米多深的地下，呆上六个月直到雨季来临，它们的皮肤形成一层薄壳，有助于防止体内水分的蒸发。

在一些国家，两栖动物在寒冷的冬季不能得到足够的热量保持活跃。在这种情况下，两栖动物会寻找一个地方，例如满是泥的塘底躲避低温。这时，它就进入一种像睡觉的状态，叫冬眠。冬眠期间，它的心脏跳动缓慢，体温也很低。两栖动物也停止用肺呼吸而是通过皮肤得到全部的氧。有几种生活在北美洲的青蛙，确实能在十分寒冷的条件下生存。青蛙体内大部分水分变成冰，但它还可以活着。

海洋里难觅踪迹

两栖动物的种类和数量很多，可奇怪的是大多数两栖动物都生活在江河湖边或者溪水池塘中，在海洋中很难见到它们的踪迹。这究竟是什么原因呢？

要说明这个问题，得先做个简单而有趣的小实验。用一个半透性（只能让水分子透过，较大的分子则无法透过）的薄膜小袋装盐水，然后把袋子放入清水中，这时由于袋内和袋外的渗透压不同，我们可以看到，清水不断渗透入袋里，但如果把清水装入袋内，再把袋放入盐水中，我们就能发现，袋里的水就会不断向外渗出。这个简单的实验，说明了低浓度溶液中的水分，一定向高浓度溶液渗透。

现代两栖动物的身体，被覆着裸露的皮肤，体内的液体和血液里的盐分，比起海水里所含盐的浓度要低得多。如果两栖动物一旦进入高浓度的海水里，体内的水分就会大量朝外渗出，结果因为失水而造成死亡。

科学家们在研究中发现，一般在含有10‰盐分的水域里，两栖动物无法长期生存；在含盐浓度超过10‰的水域中，两栖动物很快就会死去。现在海水的含盐浓度一般都达到 20‰ 以上，有的甚至高达42‰，因此，绝大多数两栖动物是不能栖居于海洋中的。目前，仅有一种海蛙，在我国海南岛及东南亚一些国家的沿海泥滩上生活着。

如果两栖动物无法长时间呆在咸海水中，当然也无法从陆地游到海岛上。可是，在一些岛屿上为什么会有两栖动物呢？这可能是因为这些岛屿原先与大陆相连，后来才分离成岛，而原来留在这些地方的两栖动物得以保存下来。但是，一般岛屿上的两栖动物的种类比起大陆上的却要少得多。

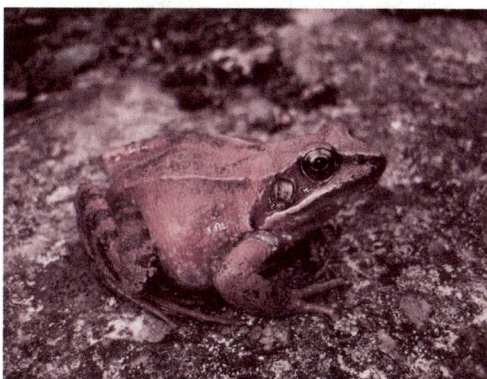

海 蛙

睡上一大觉

当气候渐渐变冷，食物缺乏的时候，两栖动物就进入冬眠状态，从而减少机体新陈代谢，使其维持在一个比较低的基础代谢消耗范围内，以期获得更大的生存空间，从而适应变化的内外环境。所以，冬眠现象是动物生存斗争中对不良环境适应的一种方法。

两栖动物冬眠时，整个冬天不吃东西也不会饿死。因为冬眠以前，它们早就开始了冬眠的准备工作。这些动物冬眠前的准备工作很特殊，它们从夏季开始，在自己的身体内部储存大量的营养物质，足够满足整个冬眠过程中身体需要的基础代谢消耗。

尽管在身体内积累大量营养物质，可是它们的冬眠期长达数月之久，怎么够用呢？其实在两栖动物冬眠期间，伏在窝里不吃也不动，或者很少活动，呼吸次数减少，体温下降，血液循环减慢，新陈代谢非常微弱，所消耗的营养物质也就相对大大减少了，所以体内储藏的营养物质是足够供应的。等到身体内所储藏的营养物质几乎要用光时，冬眠期也将结束了。冬眠过后的两栖动物显得非常瘦弱，醒来后要吞食大量食物来补充营养，以尽快恢复身体常态。

五花八门的自卫方式

两栖动物通常会被哺乳动物、鸟类、爬行动物和其他别的动物吃掉。因此两栖动物需要一些抵制攻击的措施。最好的方法之一就是把自己隐藏起来。如果遇到危险，许多两栖动物会隐蔽呆着不动，有的还有保护色帮助它们伪装起来，与周围环境融为一体。而蚓螈能够在地下挖洞，把自己很好地隐藏起来。

也有些两栖动物根本不需要藏起来。它们有十分鲜艳的颜色，就像要吸引注意力一样。实际上，它们的颜色是个警告。这种两栖动物皮肤上有能产生毒液的腺体。有些蛙类毒性很大，所有吃它的动物都会中毒而死。其他动物很快就了解这样的两栖动物不好吃。有几种没毒的两栖动物也模仿有毒动物的颜色，因此它们也不会被吃掉。

许多青蛙和蟾蜍还能够吹气使自己膨胀，能够有效地吓住攻击者。因为这使它们看上去很大，不可侵犯，还能使它们看起来很难被吞下。

有时蝾螈会放弃自己的尾巴而逃跑。受到攻击时，它们将自己的尾巴断掉，攻击者的注意力就会被吸引到扭动的断尾上，这样蝾螈就跑掉了。

多样的移动方式

两栖动物以各种不同的方式移动。没有腿的蚓螈会在软地里挖洞，它们的头部肌肉强壮，可以像鱼游泳一样左右弯曲进入地下。大多数青蛙和蟾蜍的后腿比前腿要长得多。青蛙的后腿通常很有力，用于跳跃。它用大腿强劲的肌肉伸直后腿，使劲一蹬从而推动自己在空中跃过。当青蛙在地上行走时也用前腿。蟾蜍并不像青蛙那样跳跃，它们在地上齐足跳跃或行走。

所有的青蛙和蟾蜍几乎以同样的方式游泳——后腿蹬水，身体向前伸展，用前腿掌握方向。后脚趾间的蹼有助于两栖动物更有效地推动前进，就像潜水员的脚蹼一样。

有些生活在林中的青蛙能在空中短距离滑翔。滑翔时它们展开手指间和脚趾间的蹼，蹼就像是小降落伞，使青蛙慢慢下落，在空中停留较长时间。

生活在地面上的水螈和蝾螈站立时两脚分得很开，行走时身体左右弯曲以便使自己的步伐尽可能大。水中的水螈很少用腿，它们游泳时整个身体呈 S 形前进，有点像鱼。

青蛙带蹼的长脚趾

渴了怎么办？

青蛙和癞蛤蟆都是两栖动物，它们既在陆上生活，也能在水中游泳。由于它有这样的生活条件，不了解情况的人，一定以为它们喝水是非常方便的。事实上，并不是人们想的那样。

两栖动物虽然能在水里生活，但却不是用嘴去喝水，它们从嘴里喝进去的水，只占总吸水量的百分之几，大部分的水都是通过皮肤吸进去的。所以，在无水的时候，它们总是到处找水。如果留心注意，就会发现它们在炎夏时节，总爱扬起头坐在水里不动，这正是它们用皮肤在喝水呢。

红水螈

不同的繁殖方式

像大多数动物一样，两栖动物在繁殖期要寻找配偶。所有的雌性两栖动物都产卵，卵被雄性两栖动物受精后，就能生出幼体。

许多两栖动物，特别是青蛙和蟾蜍，会回到自己出生的池塘或小溪寻找配偶。它们常常要走上几千米才能到达那里。一般来说，大量的雄蛙会首先到达。开始的时候，这些雄蛙很安静，但几天后就开始"歌咏"表演了。这种叫喊比赛实际上是一场领地之战，通常叫声最响亮的会赢得雌蛙的芳心。以后，雌蛙到来，雄蛙会用一种不同于战斗叫声的叫喊设法吸引它们。水螈并不叫喊，雄螈用尾巴冲向雌螈跳舞，并发出一种特殊的气味以吸引雌螈。

大多数雌蛙会在水中产卵。产卵前，雄蛙爬到雌蛙的背上。当雌性产卵时，雄性向卵上射出一种乳状液体使蛙卵受精。雄水螈和蝾螈会产生叫精子包囊的小小胶状团，雌性把这些小团弄进身体上一个特殊的叫泄殖腔的开口内。在雌性体内这些胶状精子包囊液化，在卵子产出之前为其受精。雄蝾螈能直接在雌性体内为卵子受精。有些种类的雌水螈和蝾螈并不产卵，受精卵在雌性体内直接长成小螈。

知识点

静 脉 窦

静脉窦是脊椎动物在其心脏附近由大的静脉汇合所形成的血管腔，具有可收缩的肌肉壁，能将静脉血送入心房。两栖类和爬行类的静脉窦开口于右心房。爬行类的静脉窦小，所以从心脏的外部不能识别。在鸟类和哺乳类的胚胎期，可以看到静脉窦的原基，但以后它和右心房合并，而成为右心房的一部分。

▶ 延伸阅读

动物冬眠的奥秘

动物为什么能冬眠？对此人类已经探索了100多年。近年来，美国科学家终于揭开了这个谜底。实验证明，在一些动物的血液中存在着一种能够诱发动物冬眠的物质。经过无数次试验，科学家终于提炼出了这种诱发物质，这是一种类似荷尔蒙的特殊蛋白质，被称为"冬眠激素"。

科学家指出，动物冬眠是一种对不利环境的适应，寒冷、饥饿、疾病对冬眠动物是无能为力的。动物在冬眠中，一方面是由于在冬眠的状态下，体温降低，能减少98%的代谢活动而适应外环境，造成了整个生理活动的"沉睡"状态，也就是生命过程相对延长了，从而动物的寿命也就延长了；另一方面刺激机体进行应激反应，重新调整机体内环境所存在的种种隐患，产生了推陈出新、优胜劣汰、脱胎换骨之效，从而使动物防治了种种疾病。

因此，对动物而言，冬眠既是一个适应外环境而延续生命的调节过程，又是一个适应内环境而防治疾病的调节过程。所以说，作为低级动物，冬眠现象是其适应环境生存的一项重要功能。

追根溯源话两栖

在动物学中，两栖动物是最早从水中登上陆地生活的脊椎动物，是由水生的鱼类演化到真正陆生的爬行类之间的过渡类群。它们是动物进化史上的又一次巨大飞跃，不仅占据了水生领域，而且开拓了一个全新的陆地生态领域。现在，除南极洲和海洋性岛屿外，两栖动物遍布全球。那么，现代如此丰富的两栖动物起源于何时，又是如何进化来的呢？带着这样的疑问认真读下去吧！

水陆之间徘徊的动物

两栖类是最先登陆的脊椎动物，它既保留了水生祖先的某些形态结构，又发展了适应陆生的某些形态结构。它的生活习性既宜水又宜陆，是水陆之间的一种过渡动物。

为了适应从水生到陆生的转变，它的某些结构或某些器官不仅在形态上有变化，在机能上也随着起变化。例如鱼类的偶鳍和两栖类的四肢，是有共同起源的，但是不仅形态上发展了，而且机能也从平衡器官变成了主要的行动器官。又如两栖类的中耳腔的柱骨（镫骨），原是从鱼类中的有颌类的舌颌骨变来的，而舌颌骨又是从无颌类的鳃弓变来的，它们的形态一而再地变化，它们的机能也一而再地变化。生物进化中像这样结构或器官的形态和机能同时变化的例子是很多的。

两栖类是水陆之间的过渡型动物，它既适应水生又适应陆生，但是同时又既不完全适应水生又不完全适应陆生。它既然从水里登了陆，有些适应水生的器官退化了，例如有些两栖动物，幼年阶段还保留水生习性和适应水生的器官如鳃，到成年阶段鳃退化了，它在水里就不能像鱼类那样自在了。而就陆生生活来说，它虽然不断向着更加适应陆生的方向发展，但毕竟还只是在初期适应阶段，长时期离开水就受不了。

两栖类既是一种水陆之间的过渡型动物，也可以说是一种徘徊歧途的动物。它们的祖先鱼石螈虽然从水里登上了陆地，但是在它的后裔面前仍然不时提出这样一个问题：是前进还是后退？是继续发展陆生生活，还是回到水生生活去？

我们看到它们中间就有不同的选择。有的选择了第二条路，回到水里去，如始椎类，如全椎类，如现代的有尾类。有的选择了第一条路，如块椎类，如蜥螈形类，如现代的无尾类。

为什么有的前进，有的后退呢？这可能和各自的环境条件有关。有的栖居在靠近水多的地区，有的栖息在远离水域的地区。刚离开水不久的两栖类，它们当初原是被迫离开水的，遇到了可以恢复水生生活的机会，就乐得再回到水里过逍遥自在的生活。而有些没有遇到这样的机会，也就不得不咬紧牙关忍受着陆地上它还不

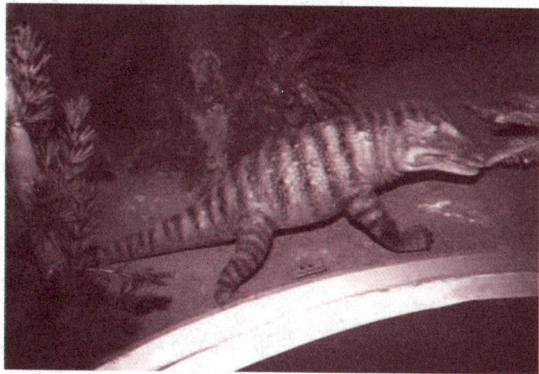

块椎类

大适应的环境，并努力去改变自己的形态结构来适应陆上生活。同时这又和它们自身的遗传和变异有关，所谓努力去改变自己形态结构，并不是真的由它们自己做主去改变，而只是它们之中某些个体的不定变异正好适应这一要求，而在生存斗争中这种变异得到积累和发展。如果没有适当的变异，无法去适应这一要求，就要在生存斗争中被淘汰。

总的看来，两栖类既然已经从水里登上了陆地，再回到水里就是一种倒退。虽然也有些回到水生的两栖类保存到现在，如有尾类，但是它们毕竟已经

成为无足轻重的一个残存的类群，绝大部分走回头路的都落得个灭绝的下场，如始椎类和全椎类。而坚持陆生方向的，毕竟是在前进。虽然也有由于某些不利的环境条件或由于过分特化而被淘汰了，如块椎类，或者仍然停滞在这一阶段生活到现在，如无尾类，但是在现代两栖类中无尾类还是占

爬行类动物—龟

优势地位的。特别是从蜥螈类这一坚持陆生方向的两栖类，终于更上一层楼，发展出了新型的脊椎动物——爬行类，成为脊椎动物进化的主干。

这说明生物发展的总的方向是向前进，前进才有更广阔的出路。而在总的前进中又会产生局部的后退，形成一些灭绝的旁支。生物进化的道路就是这样曲折而不是一往直前的。

知识点

脊椎动物

脊椎动物，有脊椎骨的动物，是脊索动物的一个亚门。这一类动物一般体形左右对称，全身分为头、躯干、尾三个部分，躯干又被横膈膜分成胸部和腹部，有比较完善的感觉器官、运动器官和高度分化的神经系统。

延伸阅读

爬行类

传统上认为爬行类是两栖类进化到哺乳类的中间环节，它包括无孔类、双孔类和下孔类爬行动物。近年以支序分类学为基础的分类方案中，下孔类

（包括哺乳动物）被认为是羊膜类的一支，和爬行类形成姐妹群关系。它们的身体构造和生理机能比两栖类更能适应陆地生活环境，身体已明显分为头、颈、躯干、四肢和尾部。颈部较发达，可以灵活转动，增加了捕食能力，能更充分发挥头部、眼等感觉器官的功能。骨骼发达，对于支持身体、保护内脏和增强运动能力都提供了条件。用肺呼吸，心脏由两心耳和分隔不完全的两心室构成，逐步向把动脉血和静脉血分隔开的方向进化。大脑结构比两栖类有了进一步发展，感觉器官也增加了复杂程度，功能增强。

古代两栖类的兴替

最早的两栖类化石见于古生代泥盆纪，称为坚头类，其代表种类为鱼石螈（也称鱼头螈），它们的头骨全部被膜性硬骨所覆盖，且骨块数目与排列方式与总鳍鱼十分相似，肢骨结构与牙齿也相似，且都有鳞板，尤以腹面最为发达。鱼石螈可以说是最原始的两栖类。

鱼石螈登陆是在泥盆纪末，但是两栖类开始繁荣是在石炭纪。石炭纪时期，地球上气候温暖潮湿，石松植物和楔叶植物形成了大片原始森林，陆地上广布着池塘沼泽，为两栖类的发展提供了良好的条件。两栖类从石炭纪一直繁盛到二叠纪，人们常把石炭纪、二叠纪叫做

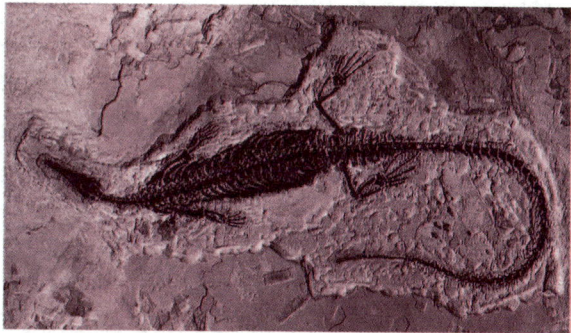

鱼石螈的骨骼

两栖动物时代。到了三叠纪，古代的两栖类除少数类型外基本上灭绝了，但是另外有一支却从三叠纪开始兴盛起来，这就是现代两栖类。从石炭纪到三叠纪，古代两栖类的不同类型也有自己的兴替史。

壳椎类

在两栖类的历史上，壳椎类出现最早，早在石炭纪就已经有了。但是奇怪

的是，已找到的最早的这类化石已经特化了，这说明它们在这之前历经沧桑。现在，对它们的起源还没有研究清楚。

壳椎类到早二叠纪就已经绝灭了。它们是早兴早衰，在进化过程中一直没有发展出大的类型，一般都只有几厘米到几十厘米长。可能它们也从来没有繁荣过，它们和迷齿类生活在同一个时期，但是看起来并不是迷齿类的竞争对手，只能在它们的表兄弟们没有利用到的一些空间里生活着。

有一类古老的壳椎类化石曾经在上石炭纪地层里找到，它的脊椎骨有一百多个，四肢消失，长得像蛇，生活习性也和蛇很接近，就叫蛇螈类，属于壳椎亚纲的缺肢目。

有一类小型的早期壳椎类，它的化石也在上石炭纪的地层里找到过，样子像现存的一种两栖类大鲵（娃娃鱼），体形和四肢都正常发育，叫小臂螈，属于鳞鲵目。

另外有一类壳椎类，数量不少，式样也很多，属于游螈目。它们在石炭纪沿着两条路线发展。一条和缺肢类平行发展，身体也呈蛇形或鳗形，但是比较短，如蜥肋螈就是这类两栖类的一个代表。另一条是朝着身体和头骨都扁平化的方向发展，极端的代表如在美国得克萨斯州二叠纪地层里找到的笠头螈，头骨的形状像斗笠，也像一个宽阔的箭头。它的身体也是扁平的，肢骨弱小，显然是以水栖为主的。

蛇螈类

始椎类

鱼石螈的后裔中，比较早期的应该数迷齿类中的始椎类。始椎类也出现在早石炭纪，又叫石炭螈类。欧洲石炭纪地层里找到过一种叫始螈的两栖类，是典型的石炭螈类。始螈的脊椎由差不多同等大小的间椎体和侧椎体组成，脊柱比鱼石螈强壮。

它的头骨还是高的，枕髁也只有一个，具有原始型的头骨模式；有耳凹，但颚是原始的，几乎是实心的，腹面还没有颚孔或者颚孔很小，颚由一个活动关节和颅骨相连接。

它的肩带和腰带相当强壮，还有一条强壮的尾，体长可以达到一百六七十厘米，但是肢骨却不如鱼石螈，这说明它是一种水生性比较强的两栖动物。除了始螈，在苏格兰和中欧还发现过更加原始的石炭螈。这一类水生性比较强的两栖动物到二叠纪末绝灭了，但是从始椎型向着扩大侧椎体的方向发展，并且坚持留在陆上，却成为脊椎动物进化的一条主线。

块椎类

鱼石螈向加强陆生性的方向发展，成为块椎类。

块椎类是鱼石螈的直接后裔，也是在石炭纪就出现了，到二叠纪发展成为占优势的两栖动物。到二叠纪末，块椎类基本消失，只有一部分延续到三叠纪初期。

块椎类发展到二叠纪，身体结构已经很笨重，头骨特别庞大，又宽又扁，有坚厚的骨片覆盖着。颚上有一对大的颚孔，颚和颅骨之间的关节坚固。枕髁已经有两个。脊椎和四肢都很发达。有的块椎类体长达两米。皮肤里有骨质小结节形成厚重的甲胄，可以保护它不受敌害。它是一种攻击性比较强的动物，靠吃鱼类生活。

有人认为它可能和当时已经出现的爬行类作过激烈的斗争。从生活习性看，它已经比较完善地适应陆上生活，但是可能仍然要在水里休息。它和现代的鳄鱼（属爬行类）有点相似，出没在溪流、江河、湖泊之中。这一类两栖动物以美国得克萨斯州二叠纪地层里发现的蚓螈为代表，蚓螈体长可以达到1.8米。

鳄　鱼

除此之外，石炭纪、二叠纪还发展出了一些小的类型，如在美国得克萨斯州的二叠纪地层里发现的三节螈和巨头螈。三节螈体长50厘米左右，头扁平，身上有鱼鳞般的甲胄，以水栖为主，靠吃水里的小动物生活。巨头螈头骨高厚，身体不长，腿骨粗壮，尾巴缩小，背上有骨质甲胄。

全椎类

三叠纪初期，始椎类和块椎类已经基本消失，这时候全椎类开始兴起。全椎类的历史很短，只在三叠纪中期兴盛了一段，到三叠纪末就完全绝灭了。全椎类的繁盛已经只是两栖类全盛时代之后的余辉了。

全椎类从脊椎来说本来是块椎这个发展方向的继续，但是它不同于块椎类坚持陆生生活，而是走回头路，又返回到水里去生活，很少在陆地活动，因而它的脊椎不必再去承担经常支持体重的工作，发生了简化，用缩小了的简单的整块间椎体代替块椎类的互锁脊椎。由于在水里重力不再是一个支配因素，它们朝着扩大身体的方向发展，结果超过了它们的任何祖先，成为两栖类中的最大类型。特别是头骨，扩大得比身体还快，结果头部大得和身体很不相称。

有一类叫宽额螈的，是在美国西南部上三叠纪地层里发现的，头骨就有一米长，颚孔扩张得把颚骨都挤到边上去了，头骨扁到不能再扁的地步，身体也又宽又扁，说明它是一种底栖动物。骨骼里硬骨减少，软骨增多，四肢缩小。它们适应底栖生活的这些极端特化的形态结构，使它们最后逃避不了灭绝的命运。

蜥螈形类

有一类两栖动物，脊椎的发展走着和块椎、全椎相反的道路，从始椎类发展到双锥类，但是又和始椎类回到水生方向不同，而是坚持陆生的方向，发展到了蜥螈形类。

蜥螈形类也在石炭纪就已经出现。美国得克萨斯州的下二叠纪地层里找到过它的一个晚期代表的化石，是一种小型的两栖动物，就叫蜥螈。蜥螈形类的头骨构造和始椎类比较接近，头骨比较高，枕髁还只有一个，看来它和始椎类有共同的祖先。

但是蜥螈形类的头后骨骼已经和始椎类不一样，表现着各种进步的特征。例如脊椎的椎弓向左右两侧宽阔地扩大和膨胀起来，脊椎的主要成分是侧椎体，间椎体变成了一块缩小了的楔形的骨头；肩带里的锁间骨有一条长的正中的骨，胸骨很大；肩椎骨有两个，而不是像其他两栖类那样只有一个。这些都和其他两栖类不同，而带有原始爬行类的性质，所以一般认为蜥螈形类可以认为是从两栖类向爬行类过渡的中间类型的动物。

现代两栖类

壳椎类和迷齿类，除了蜥螈形类的一支中有的种类向着爬行类发展以外，其余的在二叠纪和三叠纪都先后绝灭了。可是在三叠纪地层里又找到了另外一些两栖类化石，它们和壳椎类、迷齿类有些相似，却又有新的特点。经研究，认为是现代两栖类的祖先。它们和壳椎类、迷齿类有什么样的关系，现在还不清楚，看来它们也是鱼石螈的直接后裔，但是很早就已经从壳椎类和迷齿类分化出来了。

现代两栖类的共同特征是：皮肤裸露，有黏液腺分泌黏液，所以身体经常滑黏，因此叫滑体两栖类。它们的头骨、颌骨和身体骨骼里的硬骨通常消失或减少；中耳腔里不只是一块镫骨，还有一块鳃盖骨；牙齿的基部和齿冠之间有一条柔软带，手骨一般是四趾而不是五趾。

现代两栖类分两类，无尾类、有尾类，属于次亚纲级。

无尾次亚纲包括无尾目和原无尾目。无尾目如蛙和蟾蜍（癞蛤蟆），是现代两栖类中种类最多的一个类群，一共大约有 1700 种。它们的祖先是发现在非洲马达加斯加岛上三叠纪地层里的三叠蛙，也叫原蛙，属于原无尾目，但是实际上还有一条残余的尾巴。到侏罗纪，尾巴开始退化，后肢变长而发达，前肢比较短，适合在陆地上跳跃，其他骨骼也有一系列变化。它们的头骨上有一张很大的嘴，这是一种有效的捕虫工具。它们从侏罗纪生活到现在，一直是非常成功地广泛地分布在世界各地，栖息在各种环境中。

有尾次亚纲包括有尾目和无足目。有尾目如蝾螈和大鲵（娃娃鱼），它们仍然保持着原始两栖类的体形，绝大多数是水生的，硬骨

三叠蛙

已经变成软骨，没有中耳腔和鼓膜，有的还留着鳃，是现代两栖类中比较接近原始的类型。有尾类的最早化石发现在白垩纪的地层里。无足目是一些小型的

热带穴居动物，体形象蚯蚓或蛇，所以也叫蚓螈类或裸蛇类，如蚓螈（也叫盲裸蛇）、鱼螈（也叫鱼蛇、蛇螈）。它们四肢退化，没有尾部，头骨上硬骨还很发达，脊柱体还有很发达的脊索，有的皮肤下面还隐藏着骨质鳞片，有的由于适应穴居，眼睛退化，嗅觉器官发达。这是一类既原始又特化的现代两栖类。现在还没有找到它们的化石记录，所以还不清楚它们的起源。

知识点

枕髁

人的枕髁：位于枕骨（后脑垫枕处）大孔两侧，舌下神经管位于枕髁中后1/3处；动物的枕髁：软骨鱼类双枕髁，硬骨鱼类单枕髁，两栖类双枕髁，鸟类单枕髁，爬行类单枕髁，哺乳动物双枕髁。

➤ 延伸阅读

古生代

早古生代划分三个纪：寒武纪是根据英国威尔士西部的寒武山而得名；奥陶纪是英国威尔士的一个民族的名称；志留纪是威尔士民族居住地。

晚古生代也划分三个纪：早、晚古生代之间有一个地壳运动，称为加里东运动。海西运动结束了古生代的历史。泥盆纪是根据英国西南的德文郡命名，日译为泥盆，我国沿用至今。石炭纪，因盛产煤层而得名，石炭是煤的旧时称呼。二叠纪首先研究地点在乌拉尔山西坡——彼尔姆，因这套地层明显具有上、下两部分，日译为二叠纪，也为我国采用。

⬢ 总鳍鱼类——两栖动物的先祖

鱼类是以鳃呼吸，用鳍游泳，生活在水里的一种脊椎动物。两栖类幼体在水中用鳃呼吸，长大以后在陆上用肺呼吸，是一种水陆两栖动物。粗看起来，鱼类和两栖类是毫不相关的两类动物，但经过仔细研究和分析，发现这两类动物之间，却有着亲缘关系。

两栖动物和鱼的亲缘关系就生殖和发育来考察，蛙和鱼有许多相似的地方：它们都在水中产卵，并且在水中受精；蝌蚪和鱼都在水中生活，形态和内部构造很相似。直到受精后的第八个星期，蝌蚪才长出肺和四肢。根据这些相似点，我们可以得出结论：两栖动物跟鱼是有亲缘关系的。

科学工作者在研究从地层下挖掘出来的各种动物化石的时候，发现古代一种总鳍鱼头骨的膜成骨和古代两栖动物头骨的膜成骨十分相似，两者的循环系统也有许多相似之处。

特别是总鳍鱼的胸鳍和腹鳍、基部肌肉比较发达，适于在水中爬行，同时侧鳍内的骨骼结构和古代的两栖动物的四肢骨很相似，而且古总鳍鱼已经具有了内鼻孔，说明这种鱼已能利用肺进行呼吸。

根据这些事实，我们可以得出结论：两栖动物是由古代的总鳍鱼类经过漫长的发展过程，逐渐进化来的，同时也说明脊椎动物是从水生向陆生进化来的。那么，总鳍鱼类究竟是怎样进化到两栖类的呢？

大约在 4 亿年以前，也就是地质史上称为泥盆纪的时期，在自然界的淡水湖泊、沼泽地里生活着一种数量非常多的总鳍鱼。这种鱼身体呈纺锤形，体长有 1 米多，游泳非常迅速，是一种肉食性的鱼，过着自由自在的生活。

到了泥盆纪末期，地球上出现了高大的木贼、石松和乔木形的蕨类陆生植物。经过了几千万年，到了石炭纪，陆地上气候温暖潮湿，陆生植物得到很大发展，不仅种类大大增加，而且生长得十分茂盛，也有些沿着广阔的沼泽地和淡水河岸生长，大量植物的枯叶凋落到河中，再加上有些沿岸或水中生长的树木，根部也在水中腐烂，腐烂的结果使水中的氧气大大减少。

这时生活在河水中的鱼类，由于水中氧气不足，有些总鳍鱼类因不能适应而死亡，但也有些总鳍鱼，却利用胸鳍和腹鳍把身体支撑起来，或攀附在水中的腐叶上，或爬至河边树根上呼吸空气中的氧气。由于水质的进一步败坏，总鳍鱼更进一步增加了对大气呼吸的依赖，有的甚至爬上河岸呼吸空气，借以生存。

另一方面，由于气候季节性的变化，遇到旱季时，有些生活在浅水中的总鳍鱼利用胸鳍和腹鳍支撑身体，从一个干涸的河床爬到另一个有水的河中。总鳍鱼的胸鳍和腹鳍因长期支撑身体，基部肌肉变得相当发达，鳍内骨骼也逐渐发生了变化，成了与陆生动物五指型附肢相类似的排列。古总鳍鱼就这样逐渐演变成了古两栖动物，成为陆上四足动物的祖先。

经过很多世代，侧鳍逐渐变成分节的四肢，鱼鳔逐渐变成能够代替鳃进行呼吸的肺。肺的形成又引起血液循环器官的发展，出现了三腔的心脏。新的生活条件引起形态构造和生理上的变化，使上陆的鱼更加适于在陆上移动和呼吸空气，于是形成了两栖动物。

两栖动物虽然是上陆的鱼发展而成，但到现在它们仍然能在水中生活，并且它们的幼体还必须在水中生活。

矛尾鱼

关于古总鳍鱼类，原先认为早已绝迹。可在1938年12月，在非洲南部东海岸附近，却意外地捕获了一条还活着的总鳍鱼，特命名为"拉蒂迈鱼"。由于它的尾鳍中部突出呈矛状，现通常叫做"矛尾鱼"。

这一发现在全世界轰动一时，因为现代总鳍鱼的捕获，不仅获得更充分的证据，证实过去根据化石资料，认为古代总鳍鱼演变成古两栖动物理论的正确，而且把过去认为总鳍鱼在距今7000万年前便已灭绝的说法打破了。

知识点

石炭纪

石炭纪约处于地质年代3.54亿~2.92亿年前，它可以区分为两个时期：始石炭纪（又叫密西西比纪，3.54亿~3.2亿年前）和后石炭纪（又叫宾夕法尼亚纪，3.2亿~2.92亿年前）。石炭纪是古生代的第5个纪。石炭纪时陆地面积不断增加，陆生生物空前发展。当时气候温暖、湿润，沼泽遍布。大陆上出现了大规模的森林，为煤的形成创造了有利条件。

➡ 延伸阅读

骨鳞鱼类

总鳍鱼类包括骨鳞鱼类和空棘鱼类两支，现仅有残存于非洲东南部海洋中的"矛尾鱼"，即属空棘鱼类，被认为是总鳍鱼类的"活化石"。古总鳍鱼类的另一支骨鳞鱼类的头骨、脊柱和偶鳍骨等，均表现出与原始两栖类有惊人的相似，因而一直被公认是四足动物的祖先。

但近年来，我国古鱼类学家张弥曼采用头骨化石的连续磨片技术，深入研究了我国云南省东部的早泥盆纪骨鳞鱼——先驱杨氏鱼的特征，并对比了其他骨鳞鱼类的头骨化石，首次发现这些鱼类无内鼻孔，也无其他原认为是四足动物特征的结构。这一发现如果得到确认，则总鳍鱼类作为四足动物直接祖先的地位，将需要重新考虑。

进化的历程

头部的进化

原始两栖类的头骨厚重，顶盖骨坚实，因此原始两栖类又叫坚头类。这种头骨是从总鳍鱼继承下来，由鱼石螈传下来的。但是原始两栖类相对于鱼类来说，头骨还是大大简化了，鳃盖骨随着鳃的消失而消失了。眼孔比鱼类靠后了，吻部相应地加长了，后顶骨部分却大大缩短了。除上面说过的一对耳凹外，颚面上出现一对颚孔，可能是附着眼肌用的。鱼石螈还和鱼类一样，头骨后端和脊柱相连接处的突起，所谓枕髁，只有一个，后来的两栖类里，枕髁已经分化成两个了。

以后头骨又向着更轻巧的方向发展，由高变成扁平。现代的两栖类，头骨是相当轻巧的。由于在陆上生活的动物没有像鱼类那样在水里受到水的浮力的作用，要支持身体各部分的重量是相当吃力的。头骨变得轻巧，可以减轻脊柱支持头部的负担。

早期两栖类的上下颌边缘的框上，生长着许多尖锐的牙齿。在颚的前边部分骨头的水平表面上还有另外一些牙齿。这些牙齿的釉质层表面有一些复杂的褶曲，这种结构原来是总鳍鱼类牙齿的典型结构，叫做迷齿。因此这些早期两栖类也叫迷齿类。

行动器官的进化

两栖类的行动器官和鱼类相比也是变化比较大的。除了鱼类的侧鳍转化成两栖类的四肢之外，在四肢和尾部的作用上也发生了转化。鱼类在水里前进，主要靠尾鳍摆动，侧鳍是管转身和维持平衡的。原始两栖类的尾部仍然保留着鱼尾的鳍条，但是它的作用只管平衡。以后鳍条消失，尾椎骨融合成一条尾杆，并且逐渐缩小，甚至完全退化，尾部消失。两栖类的前进运动不靠尾部，却靠四肢，它完全靠四肢支持身体并且在地面上走动。

四肢是由肩带和腰带（总称肢带）和躯体相连接的。连接前肢的是肩带。鱼类也有肩带连接胸鳍，不过鱼类的肩带是和头部固着在一起的，而两栖类的肩带却和头部脱离，使前肢能更自由地活动，同时肩带里增加了新的成分。肩带紧靠在头骨后边，两侧各由几块骨头组成。后边是肩胛骨和喙状骨，前边是锁骨和匙骨。左右两半在腹面由新增加的锁间骨联合在一起，还发展出了胸骨。整个肩带形成一个宽阔的 U 字形，它和躯体连接得比鱼类更加牢固。

连接后肢的是腰带。鱼类连接腹鳍的腰带并不和脊柱连在一起。两栖类的腰带却连接在脊椎中新分化出来的肩椎上。腰带两侧各由肠骨、坐骨、耻骨三块骨头组成。肠骨有一支窄的上片和一支宽的下片，上片就附着在荐骨上。整个腰带形成一个完整的 V 字形支架，这对支持身体重量起很大作用。两栖类的肩带和腰带都比鱼类大大加强了。

两栖类的四肢骨骼也有了分化。前肢由强有力的肌肉和关节吊挂附着在肩带上，近端有一根强壮的肱骨，远端有桡骨和尺骨。后肢近端是一根更强壮的股骨，用关节连接在腰带上，远端有胫骨和腓骨。手骨和脚骨各有五趾。手骨通过腕骨和桡骨、尺骨相连接，脚骨通过跗骨或踝骨和胫骨、腓骨相连接。这样使四肢在支持身体重量的同时，可以前后灵活移动。

由早期的两栖类所开始的这种运动方式，在陆生脊椎动物的进化中，伴随着多种多样的变异继续下去。

肢体的进化

地心吸引力对鱼类的影响较小，因为鱼类是被致密的水所支持着的。对于一个生活在陆地上的动物来说，地心吸引力是一个强大的因素，对个体的结构和生活都有很大的影响。

正是由于要克服离水以后大大增强的重力作用，最初的两栖类在离水以后，曾经与增大了的地心吸引力的影响作过斗争，因此，在它们进化到早期的一个阶段中，发育了强壮的脊椎骨与强有力的肢体。

总鳍鱼的脊椎骨里的椎体是一些比较简单的盘或环。鱼石螈的脊椎骨只比总鳍鱼稍许进步一点，它的有棘的脊椎还不能起到离水以后长时间支持身体的作用。但是后来的两栖类的脊椎骨已经特化，原来的一些软骨部分已经变成了硬骨质，并且已经进步到具有互相连锁着的结构，加上肌肉和韧带，组成了一条能支持身体的强有力的脊柱。

原来鱼类的脊柱是一条直线。到了原始两栖类，脊柱的一头逐渐向上拱起成弧形，第一个椎骨变成了颈椎，出现了颈部，这样头部可以稍微活动。以下的脊柱也分化成为躯椎、荐椎、尾椎，使整条脊柱能够弯曲活动。脊柱的分化对陆生脊椎动物是十分重要的一步，这使它们能向更加适应陆生生活的方向继续发展。

原来鱼类只在水里游动，身体向两侧扭曲摆动，它的脊椎的椎体和椎体之间连接比较强，上面的椎弓彼此之间却联系得比较松。两栖类的活动幅度大大加强，因此椎体之间的连接反而减弱，而椎弓之间的连接却加强，可以更有效地控制脊椎作各种活动。两栖类脊椎还发展出各种不同的类型（见后文）。

皮肤的进化

最早的两栖动物所碰到的另一个问题是干燥问题。两栖类的祖先鱼类总是浸泡在水体之中，但当最早的两栖类不再浸泡在水中生活时，它们就面临着保持它们的体液的需要。登陆以后的两栖类，特别是遇到干燥气候，体内液体很快蒸发，这可使它们受不了。鱼石螈刚刚登陆不久，看来还没有很好解决这个问题，所以它绝不会冒险离开水很远，并且要不断地回到溪流和湖泊里去润湿一下身体。尽管这样的习性会限制古老的两栖类离开水作深入陆地的活动，但是这类动物在其历史的早期阶段，已经发展了能够抵抗空气干燥作用的体被或

SHUILU LIANGXI DONGWU ZHI DUOSHAO

身体的覆盖物。

有证据表明，某些最早的两栖类，还保留着它们鱼类祖先覆盖身体的鳞片，以减少体液的散失，但是效果并不很好。后来它们的皮肤发展得越来越坚实，越来越强韧，尤其是在二叠纪时，它们发育出了强韧的皮肤，这类皮肤通常是贴衬在小骨片或骨板的下面，能很好防止体液的散失，并且能起到防护外界侵害的作用。

两栖类的皮肤里后来还有黏液腺，能分泌黏液，使体表保持润湿。当两栖类的皮肤防止体液蒸发效力逐渐增大，并且足以作为防御外界侵害的一件坚韧的外衣时，两栖类对水的依赖性也就随之减少，也就能在陆地上更长时间。这是两栖类进化历史中的一个重要因素，而对从两栖类发生出来的那些更高级的脊椎动物，如爬行类则更为重要。

现代两栖动物皮肤裸露，含有丰富的多细胞腺体，使皮肤经常保持湿润。它们的皮肤上富含大量血管，有呼吸功能，这是两栖动物特有的辅助呼吸器官。它们的皮肤有高度的通透性，对维持体内水分的平衡起重要作用，也决定了多数两栖动物必须生活在潮湿的环境中。

有些两栖动物的皮肤有毒腺，具有保护功能；有些两栖动物生活在干燥的沙漠，其尿液中保留着浓度较高的尿素，从而产生渗透梯度，使它们能通过皮肤从极其干燥的土壤中吸收水分；还有些两栖动物在干旱期进入洞中休眠，靠皮肤分泌物形成的"茧"，防止水分蒸发；或者某些两栖动物的皮肤能分泌一些不透水的类脂物，如甘油三酯等以防止水分蒸发。

听觉器官的进化

两栖类登陆以后，感觉器官也发生了变化。尤其是听觉器官。原来鱼类只有内耳，没有和外界直接相通的耳道。这在水里是不成问题的，因为声波在水里振动比较强，是能传到内耳的。

但是声波在空气里振动比较弱，不能直接传到内耳。于是原始两栖类就在头骨后端发展出一对耳凹，耳凹里有鼓膜，鼓膜后面还有中耳腔，中耳腔里有一块由舌颌骨变来的小骨，一头靠在外侧鼓膜上，一头靠着内侧的内耳口，这块小骨叫柱骨，后来发展到哺乳类叫镫骨，因为样子像马镫，它可以使声波引起的鼓膜振动放大以后传入内耳。

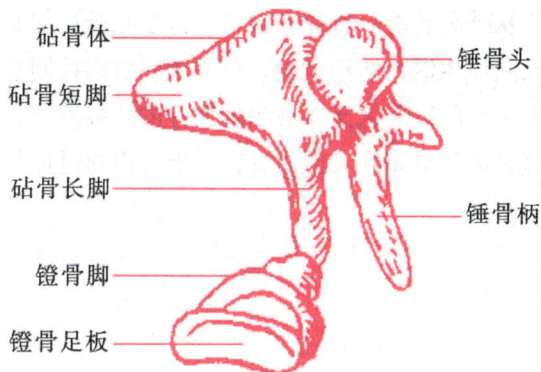

砧骨体

砧骨短脚

砧骨长脚

镫骨脚

镫骨足板

锤骨头

锤骨柄

耳骨的构造

呼吸方式的进化

当初鱼石螈冒险从水中出来，爬上了陆地，成为最早的两栖动物，标志着脊椎动物进入了一个与它们曾经居住了好几百万年的环境非常不同的环境。虽然鱼石螈登上了陆地，但还很不适应陆地的生活。从鱼石螈进化到现代的两栖类，还有一段不短的历史。这一段历史，总的说来，就是向着更加适应陆地生活的方向发展。

适应陆地生活，首先是一个呼吸问题。呼吸问题是早期的两栖类必须克服的重大问题之一，不过这已经由它们的鱼类祖先解决了。总鳍鱼类的肺是发育完善的，而且可能经常在使用。因此两栖类在空气中呼吸实际上不算什么问题，只不过是继续使用它们从肉鳍鱼类祖先继承下来的肺。鱼类和两栖类在这个方面的主要区别在于，大多数有肺的鱼用鳃呼吸，并且仍然是呼吸的主要方式，而肺通常只是一个辅助的呼吸器官，但最早的两栖脊椎动物基本上是用肺呼吸空气，只是在它们的青年或幼体阶段里用鳃呼吸。

不过原始两栖类的呼吸作用是不强的。两栖类控制肺的呼吸是靠鼻孔里的一种瓣，用开启和关闭这种瓣来推动空气来回流动。这种瓣是由口腔腹面的颌间肌肉来控制的。这种颌间肌肉越发达，开启和关闭鼻孔里的瓣越有力，呼吸也就越有效。因此两栖类的颌间肌肉逐渐发达，随着头骨也变得又扁又宽。

此外，原来鱼石螈的外鼻孔是在头骨很靠下的边缘上，和内鼻孔之间只有一块薄的骨条隔开，后来外鼻孔向着头骨的背面移动，内鼻孔也和外鼻孔完全分隔开来，使空气从外鼻孔能一直通向喉部，也使呼吸更加有效。

由于两栖类在陆地生活，活动量大，单靠颌间肌肉控制鼻孔里的瓣进行呼吸，常常还应付不了。所以后来又发展出辅助性的呼吸器官，这就是皮肤，包括口腔的上皮。这种皮肤里布满着微血管，血液可以通过皮肤直接和外界空气进行交换。

知识点

镫 骨

镫骨是人耳的三个听小骨之一，形状像马镫，外面跟砧骨相连，位于鼓膜后面的中耳腔内，连接在一个极小的薄膜上负责把振动传给内耳的耳蜗的卵圆窗。镫骨只有2.6～3.4毫米长，重量仅为2～4.3毫克，是人体内最小的骨骼。

延伸阅读

离不开水的繁衍

最初的两栖动物还碰到了生殖的问题：或是回到水中去生殖；或是必须发展出在陆上保护卵的方法。两栖类在它们对于陆上生活的适应中，取得了好几项巨大的进展，但是它们从来没有解决离开水去繁殖后代的问题。因此，这类动物在它们的整个历史中，始终被迫回到水中，或者像某些特化了的类型那样，到潮湿的地方去产卵。

脊椎的多样性

前面我们已经简单地讲过了原始两栖类的脊椎骨的变化。原始两栖类的脊椎虽然已经全部骨化，但是仍然处在脊椎进化的初级阶段。原始两栖类登陆以后，为了适应各种不同的环境条件，发展出各种不同的脊椎形式。两栖类的脊椎构造呈现出很大程度的多样性，成了两栖类分类的根据。

弓椎型

原始两栖类如鱼石螈，它的脊柱的每一个脊椎，通常包括一前一后两个圆盘，前面的一个叫做间椎体，后面的一个叫做侧椎体（最原始的侧椎体还是由一对不完整的圆环组成的）。在两个脊椎盘上有椎弓，这一类两栖动物常叫做弓椎类。

在原始的弓椎类里，间椎体比侧椎体略大，以后弓椎类向着几个方向发展。

鱼石螈的早期后裔中有一类仍然像鱼石螈那样保持以水栖为主，脊椎也保持原始类型，这一种类型的脊椎可以叫始椎型，这一类两栖动物叫始椎类。鱼石螈的另外一些后裔向着更加适应陆生的方向发展。这些后裔的脊椎骨却又分向两个方向进化，分成两支。

一个方向是侧椎体逐渐缩小，间椎体逐渐增大，后来发展成为大的楔形间椎体和小的块状侧椎体，这种类型的脊椎叫做块椎型，这种脊椎类型的两栖类叫块椎类。块椎类两栖动物的陆生性很强。

向这个方向继续发展下去，到后来侧椎体基本消失，只由间椎体单独组成脊椎，这种类型的脊椎叫做全椎型，这种脊椎类型的两栖类叫全椎类。但是全椎类两栖动物的陆生性反而不如块椎类，原来它们又重新回到以水栖为主。这使它们以后的进一步发展受到限制，所以这一支最后绝灭了。

另外一个方向却相反，间椎体逐渐缩小，侧椎体逐渐增大。到两个椎体大小相等的阶段，这种脊椎类型叫双椎型。

从双椎型继续发展，侧椎体继续增大，终于大大超过了间椎体，这种类型叫做蜥螈型，这种脊椎类型的两栖类叫蜥螈形类。蜥螈形类坚持陆生的方向，这是脊椎动物进化的主干。比两栖类更高等的脊椎动物——爬行类，就正是具有和蜥螈形类相同的脊椎类型。

壳椎类

在早期的两栖类中，除了弓椎类，还有另外一类，叫做壳椎类。这一类两栖动物的脊椎骨和弓椎类不同。弓椎类的每一椎体先是软骨，后来变成硬骨。

壳椎类的椎体不是先由软骨组成，而是直接由围绕在脊索周围的线轴状硬骨质圆柱体构成的，这种椎体还常常和椎弓结合在一起。

壳椎类可能出现最早，但是从化石材料看，它们一出现就已经特化，形体大都很特别，没有什么发展前途，只能是脊椎动物进化中的一个旁支。

弓椎和壳椎以往认为属于两种不同的来源：弓椎是由软骨骨化而来，壳椎是由围索管发展而来。但是经古生物学和胚胎学的进一步研究，认为这两种脊椎也不是这样绝对区分的。弓椎类的椎体在胚胎发育过程中也是经过围索管阶段的，所以也可以说和壳椎是同一起源的，而且壳椎的来源其实也不止一种，它可以通过不同的发育过程产生。

但是在现在的分类学上，两栖类还是按照弓椎和壳椎分成两大类，只是现在已经不用弓椎类这个名字，改用迷齿类，因为这一类型的两栖类都具有迷齿构造。现在，这两类作为两栖纲的两个亚纲：迷齿亚纲和壳椎亚纲。

现代两栖类是古代两栖类的后裔，但是从古代两栖类到现代两栖类，形态上却有相当大的距离。现代两栖类一般也可以分作两类：一类有尾，一类无尾。有尾的如蝾螈和大鲵（别称娃娃鱼），无尾的如蛙和蟾蜍（别称癞蛤蟆）。

过去认为，无尾类是从迷齿类发展而来的，有尾类是从壳椎类发展而来的。但是现在动物学家认为，现代两栖类的两类之间也有一些共同的新的特征，是古代两栖类所没有的，而它们和古代两栖类的两类之间的渊源关系也不十分明确，所以在现在的分类学上，把现代两栖类单独列做一个亚纲，叫滑体两栖亚纲。这就是说，两栖纲一共有三个亚纲：迷齿亚纲，壳椎亚纲，滑体两栖亚纲。

知识点

亚 纲

亚纲是生物分类法中的一级，它位于纲和目之间，有时亚纲下也分次亚纲，次于纲的一个纲级分类等级。一个纲可再分为若干亚纲，每个亚纲由这个纲内一个或若干个与其他目性状不同的目组成。高等植物亚纲学名词尾为－idae，藻类亚纲学名词尾为－phycidae，真菌亚纲学名词尾为－mycetidae。

延伸阅读

脊椎动物的类型

科学家把脊椎动物分为五类：鱼类、两栖类、爬行类、鸟类和哺乳类。鱼类：鱼类是最初进化的脊椎动物，身体呈流线形，它们用鳞片保护全身，鳃则可以在水下呼吸。两栖类：两栖类动物部分时间生活在陆地上，部分时间生活在水中，但它们通常在水中繁殖，而且大部分有可以行走的四肢和可以呼吸空气的肺。爬行类：爬行类动物是最先完全生活在陆地上的脊椎动物。多数爬行类动物生活在地球的热带地区，它们有和两栖类相似的用来减少水分流失的干燥鳞状皮肤。鸟类：鸟类是由爬行类进化而来的。爬行类的前肢变成了翅膀，鳞状皮肤则变成了羽毛，这不仅有助于鸟类飞翔而且可以帮助维持恒温。哺乳类：哺乳类也从爬行类演化而来，它们有哺育幼子的特殊腺体。与鸟类不同，哺乳动物不是依靠羽毛而是靠脂肪维持身体恒温。

SHUILU LIANGXI DONGWU ZHI DUOSHAO

蛙类和蟾蜍类

无尾目大约有 4100 种，是两栖纲中种类最多的一个目，主要包括蛙类和蟾蜍类。蛙类和蟾蜍的主要感官是视觉（所以它们的眼睛很大）和听觉。蛙类和蟾蜍类的共同特征是成体没有尾，绝大多数种类具有后肢，并且后肢比前肢长，这样它们就可以跳跃的方式前进，有时可以跳很远的距离。蛙类和蟾蜍的分化比较大，仅就运动方式而言，它们的附肢具有跳跃、爬行、游泳、挖洞、爬树和在空中滑翔等功能。

伟大的"庄稼卫士"

青蛙主要以蛾、蚊、蝇等农业害虫为食，因此它被人们誉为"庄稼的保护者"。青蛙的舌头非常灵活，它的下颌的前端连着舌根，舌尖分叉。青蛙的舌头非常灵敏，几乎没有任何小虫能在它的舌头下逃脱掉。

青蛙的种类繁多。比较常见的黑斑蛙，它的体长可达 8 厘米；背部长有黑绿色的斑纹，腹部则像雪一样白，皮肤特别细嫩光滑；它的眼睛长在头顶的两端，圆而突出，对活动的虫子极为敏感。

青蛙依靠肺和湿润的皮肤来从空气中吸取氧气。如果空气的温度、湿度发生变化，它皮肤里的色素细胞也会随之扩散或收缩来判断天气，从而使它的肤色发生深浅变化。因此，善于观察的人们总是根据青蛙肤色的变化来预测天气。

"慧眼"识虫

青蛙最喜欢吃虫子，是灭虫的能手，只要虫子飞过它的面前，它噌地腾身一跃而起，鞭子似的舌头翻出口外就把虫子卷到嘴里去了，而且百发百中，舌无虚发。

青蛙有一双非常奇特的大眼睛，它看动的东西特别敏锐，但看静的东西都几乎是视而不见。只要虫子在飞，飞得多快，往哪个方向飞，何时攻击最好，它都能分辨得一清二楚，还能判断什么时候跳起来准能把虫子捕住。可是虫子如果停住不飞，甚至并排呆在嘴边，它就看不见了。所以当孩子们用死苍蝇喂青蛙时，青蛙是不会吃的。

经过科学家长期仔细研究后，发现青蛙的眼有4类特殊的感觉细胞，并把它们叫"昆虫检测器"。这4种昆虫检测器分别担负着辨认、抽取落在视网膜物像的4种不同特征的任务，也就是把一个复杂的物像分解成4层容易辨认的特征，同时把它们传递到蛙脑。这4层里的各个特征按一定顺序叠加在一起，最后经过蛙脑的综合，青蛙立刻就能精确地看到一个完整的飞动昆虫物像。

以上这一过程，就好像用4张透明的纸画一只小家兔一样：在第一张透明纸上仅画出小家兔身体的轮廓；在第二张透明纸上仅画出小家兔的眼、鼻孔、裂唇；在第三张透明纸上画出它的睫毛、触须和身上的长毛；最后用第四张透明纸在耳孔和腿的部位画出加衬光线，使小家兔的物像具有一定的立体感。当把这4张透明的纸重叠在一起时，立刻就能看到一只完整小家兔的外貌了。

军事科学家们根据青蛙的眼能够分别抽取物像特征的工作原理，设计并制造出一种新型的"电子蛙眼"，从而改进了军事上的雷达装置，使显示屏上的影像非常清楚，不论是敌人的飞机、坦克，还是舰

电子蛙眼

SHUILU LIANGXI DONGWU ZHI DUOSHAO

艇、导弹，不动则已，只要它们一活动，"电子蛙眼"便能快速而准确地识别出来。而那些逼真的一切伪装，是欺骗不了"电子蛙眼"的。

眨眼睛的奥秘

青蛙捕食有一个奇特的动作，即每吞咽一次食物，至少要眨一次眼。如果吞咽较大的昆虫，它眨眼的次数就更多了，直到将食物吞咽下去为止。

为什么青蛙吞咽食物时要眨眼睛呢？青蛙捕食时，用舌头伸出口外将食物粘住，然后再卷入口内，囫囵吞下去。由于食物未经咀嚼，在喉咙口很难咽下肚，所以一定要有个向里推的力量才能将食物吞进去，而青蛙眨眼可帮助它吞咽食物。

青蛙的眼眶底部无骨，眼球近似圆球，外面有上下眼睑和能活动的瞬膜，眼球与口腔仅隔一层薄膜。当眼肌收缩时，眼球能稍向口腔突起产生一个压力，有利于口腔内食物下咽，于是便出现了青蛙吞食时不断眨眼的现象。

跳跃健将的秘密

在全世界的蛙类中有不少跳跃健将。它们创造的成绩远远超过了人类中的运动健儿。人类男子立定跳远纪录约为平均身高的两倍；然而一只普通的牛蛙，却能跳越它身长9倍的距离。

蛙类非凡的跳跃本领在它捕猎食物和逃避外来侵袭时能发挥巨大的作用，其跳跃动作的迅速和目标的准确是十分惊人的。一只小小的树蛙从它伸直后腿到起跳捕食，大约只需1/10秒的瞬间，它可以在半空中把正在飞行的昆虫提住，然后安全返回原处。

蛙类为什么会成为跳跃健将呢？从它们的生长过程、身体构造以及跳跃的姿势可以找到答案。通常，当蝌蚪变态成蛙时，它的四肢出现，尾巴开始消失。蛙的后肢的胫骨和腓骨愈合，邻近的跗骨延长，有些蛙的跗骨与一根棒状骨相连，有力的股骨像弹簧一样灵活，长长的脚起杠杆作用，以提供跳跃时的升力。短小的前腿和肩带则承受落地时的冲击震动。

蛙类始终是坐着起跳的。在取坐位时，蛙腿和足的骨骼相对近迭，开始跳跃时，它们几乎同时伸直，脚趾最后离开地面。蛙腿在其身长中所占比例越大，它的跳跃本领就越高强。

蛙在起跳的瞬间，它的前腿就沿着身体两侧卷起；同时它双眼闭上，并将整个眼睛缩进头部，这样蛙在跳跃时的身体形状就成为流线形，不暴露突出部分，既能减少空气阻力，加快跳跃速度，又不致因摩擦而遭受损伤。另外，尽管蛙的下眼睑很厚，但却是半透明的，当它闭上双眼时，仍能看到外界的目标，使它在闭眼跃进时仍然能捕获昆虫。

知识点

电子蛙眼

电子蛙眼是电子眼的一种，是仿生学家根据蛙眼的原理和结构发明的，它的前部其实就是一个摄像头，成像之后通过光缆传输到电脑设备显示和保存，它的探测范围呈扇状且能转动，类似蛙类的眼睛。

延伸阅读

保护蛙类迫在眉睫

大家知道，青蛙主要以农业害虫为食物。通过观察知道，无论是能飞的螟蛾，善跳的蝗虫，躲在叶卷里的稻苞虫，钻进棉桃里的棉铃虫，隐藏在地下洞穴里的蝼蛄，只要它们一出来活动，青蛙就会立即捉住它们。青蛙捕食的农业害虫，种类多、数量大。据统计，一只青蛙每天大约吃60多只害虫，从春季到秋季的六七个月中，一只青蛙就可以消灭一万多只害虫，这个数字是相当可观的，然而这些为人类做出巨大贡献的庄稼卫士却面临着严重的威胁。在美国，靠近湖泊和河流的湿地中出现了一些严重畸形的青蛙，有的只有3条腿，有的前两条腿缺失，有的长了三四条后腿。这一消息引起了世界各地的环保专家和人士的震惊和密切关注。对此，有人认为是寄生虫捣的鬼，有的认为罪魁祸首是杀虫剂，还有的则认为是臭氧层破坏造成紫外线过多污染环境而致动物畸形，其中最大的可能是水源污染所致。

蛙类的冬眠

我们熟知的许多动物都有冬眠的习惯，青蛙、乌龟、蛇甚至熊，都会在冬天到来时沉沉睡去，它们似乎极不愿意看到纷飞的大雪和冰冻的大地。只有当冰雪融化、大地回春之时，这些睡了一大觉的动物们才如梦初醒，匆匆地回到小别后的世界。那么，这些动物为什么要冬眠呢？

我们来做一个简单的实验，在炎热的夏天，如果你把青蛙放到冰箱的冷藏室中，青蛙很快就会进入冬眠状态，不仅是青蛙、蛇、乌龟，还有一些低等动物，如昆虫都有这样的特性。

这说明，它们的冬眠完全是因为环境的改变而出现的，自身并没有什么固定的季节性规律。如果这时候再去测量一下它们的体温，会发现与环境温度相差无几，青蛙的新陈代谢在冬眠期内会降到最低点，所以在自然界中，蛇、乌龟、青蛙这些小动物，在整个冬眠期内，都不吃不喝，一直要等到春天到来、气温回暖时才恢复常态。

属于哺乳动物的熊也需要冬眠，但它和青蛙的冬眠不一样，否则熊就成为变温动物了。动物学家在研究中发现，哺乳动物在冬眠期内体温的下降很有限，绝不会和环境温度相一致，比如熊，它的体温非但不会低于30℃，而且每隔一段时间就会苏醒过来，随后又会沉沉睡去，而外界强制性的温度变化并不能使熊进入冬眠状态。

从演化的角度来看，因为哺乳动物是从爬行动物发展而来的，所以它们都存在冬眠现象也就不足为怪了。只不过变温的爬行动物在冬眠时不能够自行调节体温，只能由着环境来决定，而到了高等的哺乳动物，它们能够不为环境所动，既进行冬眠，又可以自行调节体温，实在是两得其便。

有意思的是，虽然动物在冬眠期间免疫反应减弱，心跳频率下降，身体活动近似于停顿，但实际上这一切都在极有规律地进行。它们的神经反应非常正常，即使是青蛙这样的低等动物，如果不慎在冬眠期间把它们从土中挖了出来，那一瞬间的跳跃丝毫不比春夏季节有任何逊色，更不用说在冬眠时处于半梦半醒状态了。

科学家们一直在努力寻找冬眠的根本原因，他们相信存在着一种冬眠基因，可是却始终不能发现它。近年来，日本一个研究小组发现了一种蛋白质，认为它很可能就是这种基因，原因是这种蛋白质仅仅发现于冬眠动物的血液内。当然，这只是一个初步的结论，进一步的研究还在进行之中，相信一旦冬眠的机制被揭开，必将可以人为地控制冬眠，从而使冬眠服务于人类。

人类为什么要钟情于冬眠呢？我们前面提到过，冬眠会使代谢下降，单凭这一点，一些需要长期治疗的疾病就可以有时间上的保证，另外某些紧急治疗如果一时不能实现，采用冬眠的办法也可以争取时间。而更重要的是，冬眠期内生物的老化速度明显趋缓，这样通过实现冬眠就可以间接地延长人类的寿命。

知识点

哺乳动物

哺乳类动物是一种恒温、脊椎动物，身体有毛发，大部分都是胎生，并藉由乳腺哺育后代。哺乳动物是动物发展史上最高级的阶段，也是与人类关系最密切的一个类群。

延伸阅读

冬眠对两栖类动物生存有何意义？

1. 冬眠可以让两栖类动物不暴露在冬季酷寒的天气里，保持合适的体温，以免被冻死。

2. 冬眠可以让它们节省体力，保存一些能量，在冬季食物源比较缺少的情况下，能度过一个漫长的冬季。

3. 冬季植被较少，大地被冰雪覆盖，这样就没法给它们提供隐蔽的地点和保护色，冬眠可以逃避猎食者的捕杀。

蛙类的外部形态

青蛙在春暖时期开始活动。它常蹲在水边，遇到危险就跳到水中。过一些时候，它浮到水面，露出鼻孔和眼睛，进行呼吸，观察外界的情况。如果周围环境安静，它就慢慢地爬上岸来。

青蛙在夏季的雨天最活跃。到天气渐渐寒冷的时候，它潜伏在池塘底或河底的泥中，隐藏在树根下或土块隙缝中，进入睡眠状态，也就是冬眠。青蛙在水中生活，也在陆上生活，它的外部形态是与这种生活方式相适应的。

青蛙的体形

青蛙的身体由头、躯体和四肢构成，没有尾，四肢是运动器官。四肢相当于鱼的偶鳍，但是分节，构造比较复杂。所有陆生脊椎动物的四肢都是分节的。青蛙的前肢由上臂、前臂和生着四指的手构成，后肢由大腿、小腿和生着五趾的足构成。后肢的趾间有蹼。

青蛙的后肢比前肢发达得多，这跟它的跳跃运动方式相适合。跳跃的时候，尽力把后肢伸直，向地上一蹬，身体就跃进了。落地的时候，先用前肢着地，以免身体碰到地上。青蛙蹲着的时候，用前肢支持前部的躯体。

青蛙没有脖子，它那尖状的头直接生在躯干上，不会转动。

跳跃的青蛙

这可以便于在水中穿行。青蛙游泳主要依靠有蹼的后肢。它的背腹扁平，也适于游泳。青蛙的体形和四肢构造是适于跳跃和游泳的。

青蛙的皮肤

青蛙的皮肤和体色也适于陆上的生活。皮肤上没有鳞片，但是有黏液，这不仅能保护皮肤，而且能帮助呼吸。皮肤里有大量毛细血管，可以跟溶解在水中的氧气进行气体的交换。因此，青蛙可以在水中潜伏很长的时间，不会因窒息而死亡。从实践得知，潮湿的环境是青蛙的生活条件之一，皮肤干燥的时候，青蛙的生命就危险了。青蛙有浓淡不同的色泽，这使它在绿色植物中不容易被敌人发觉。

捕食

青蛙是肉食动物，主要捕食陆上的有害昆虫，有时也吞食水中的鱼卵。但是青蛙本身，特别是它的幼体——蝌蚪，又是多种鱼和水鸟的食物。

青蛙的外表很不活泼，捕食昆虫却非常敏捷。如果在盛青蛙的玻璃缸中投入几只苍蝇，就容易观察青蛙捕食苍蝇的情形。苍蝇接近它的时候，它突然张开阔大的口，伸出长舌，捉住苍蝇，送入口内。

青蛙的舌很挺，相当宽，前端分叉，表面盖着胶黏的液体。舌长在口里的方式很特别，舌根生在口腔的前部，舌尖向咽，捕捉食物的时候才突然翻出来，把食物卷到口中。同时，口腔张开的时候非常阔大，一点也不妨碍舌的运动。青蛙的上颌和腭上长着一些小牙齿，我们用手指触摸，可以发觉它们。这些小牙齿可以防止食物滑出口外。

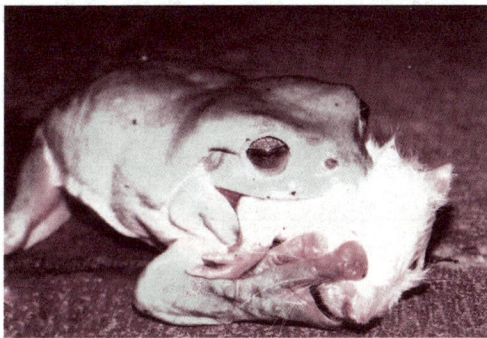

捕食的青蛙

青蛙的感觉器官

青蛙依靠感觉器官来寻找食物，察看敌人，感觉器官由神经与脑联系。青蛙的头上有眼睛、鼻孔和鼓膜等感觉器官。

青蛙有一对大而突出的眼睛，长在头的上部。眼睛有眼睑，上眼睑不能活动，下眼睑能够活动。眼的内下方有半透明的瞬膜。大多数陆生的脊椎动物都有眼睑，也有瞬膜，用来保护眼球。青蛙有一对鼻孔，生在眼睛的前面，头的尖端，口的上面。鼻孔跟口腔相通。鼻孔有活塞，能自由开闭，所以青蛙的鼻腔是呼吸道的一部分，这跟鱼不同，鱼的鼻腔专管嗅觉。青蛙的鼻腔壁上有嗅觉神经，能够感知气味，这一点跟鱼的鼻腔相同。

青蛙的眼睛和鼻孔都生在头的突出部分的上方，这跟青蛙的生活条件有密切关系。青蛙在水中，只需露出头的最前端，就能够呼吸空气和观察周围的环境了。

青蛙的鼓膜是圆形的薄膜，生在眼睛的后面，它能够把声波传到内耳。

知识点

偶　鳍

偶鳍是成对的，分为胸鳍、腹鳍。在鱼类中，位于前方的为胸鳍，位于后方的为腹鳍。奇鳍又称单鳍，为水生脊椎动物中沿身体正中线生长的鳍，奇鳍并不成对，为背鳍、尾鳍、臀鳍。

▶ 延伸阅读

青蛙冬眠时为什么不呼吸？

在北半球的国家，冬天一到，有些青蛙就钻进塘里，把自己埋藏在泥洞中过冬，因为池塘深处的泥土不会结冰，因此虽然天气酷寒，青蛙也不会被冻坏。

青蛙是冷血类的两栖动物，可在陆地上生活，也可以在水中生活。冬季里，青蛙会变得浑身冰冷，两栖动物变得冰冷时，体内食物的燃烧量极少，因此只需要极少的氧，这就是青蛙能躲在水底度过漫长冬天而不呼吸的原因。

水中含有氧，青蛙在冬天里，可透过皮肤从水中得到少量的氧，青蛙有时也在松软的河边小洞中或躲在松散的碎石泥土下过冬。

蛙类的繁殖

春天的傍晚，蛙鸣时常从水田、水池或小河里传来，音调并不和谐：这就是童话家喜欢描写的青蛙"音乐会"。只有雄蛙能发出大的叫声，因为它的头部两侧有扩音的鸣囊。

雄蛙比雌蛙小，前肢的第一趾上生有坚硬的瘤状突起。根据这个构造，有经验的人很容易认出雄蛙来。青蛙在举行音乐会的时期进行生殖。雌蛙向水里产卵，卵不大，成小球形，很像鱼卵。一只雌蛙能产 4000～5000 个卵。

雌蛙产卵时，雄蛙就向卵上排出精子。精子在水中游泳，进入卵子，完成受精作用。卵受精以后，周围的透明膜膨胀，同时卵跟卵黏结在一起，形成带有胶质的卵块。受精卵在膜内经过细胞分裂，形成胚胎。两星期左右，胚胎发育成小蝌蚪钻出来。蝌蚪有尾巴，身体呈纺锤状，很像幼鱼，它的头部两侧有分枝的外鳃。

刚生出的蝌蚪没有口，靠吸收卵内剩下的营养物质继续发育。它的头部下方有吸盘，能附着在水生植物上。经过几天，小蝌蚪长出小口，就开始摄取水生植物上的微生物，开始独立生活。过一段时期，蝌蚪的外鳃逐渐消失，鳃孔和内鳃逐渐形成。这样，蝌蚪就更像鱼了：没有四肢，用长尾游泳，用鳃呼吸；心脏两腔（一心房和一心室），血循环只有一条循环通道；有侧线。如果不知道蝌蚪是由蛙卵孵出的，我们一定会把它当做小鱼。

但是蝌蚪并不永远像鱼。大约经过一个半月的时间，它就跟鱼有显明的区别了。最初的区别在四肢的形成，先生后肢，后生前肢。有了四肢，它就能像青蛙那样用四肢游泳了。这时，蝌蚪的口也长大了，开始捕食小动物。养料一增多，发育也增快了。

在发育的过程中，蝌蚪的尾逐渐缩小，内鳃逐渐萎缩，肺逐渐发达。有了肺，就开始到水面上呼吸空气。于是，它的外貌就不像鱼而像蛙了，这是长着尾的幼蛙。

幼蛙的肺逐渐发育，引起血循环系统的变化：肺循环建立起来，心脏由两腔变成三腔。尾后来缩得很短，小小的幼蛙就带着它爬上岸来。不久，短尾就完全消失了。经过三四年，幼蛙长成了成蛙，开始生殖。青蛙的寿命能够长达 16 年。

几种独特的产卵方式

每一次冬去春来，我们都可以在鱼塘水田、大湖小沟中，找到成片成团的黑色卵粒，那是青蛙和蟾蜍产下的后代，这些卵粒没多久就会变成会游泳的小蝌蚪。

　　栖息在南美洲的达尔文蛙毫不理会两栖类产卵的一般法则，它把卵产在陆地上。不过，父母们并不会一走了之，相反父亲会日夜守护在孩子们的身边，一旦胶质中的蝌蚪发育到开始游动时，做父亲的就会把它们含到嘴里，小蝌蚪们在父亲的嘴里大约要待上 3 个星期才能完成发育。3 个星期后，父亲就会把它们吐出来，小青蛙从此开始自食其力的生活。

　　有些两栖动物演化出了更为巧妙的方式，它们可以把孩子背在身上孵化，大名鼎鼎的负子蟾就是其中之一。这些动物的背部有许多凹陷，就像许多小小的育儿囊，产下的卵经过艰苦的搬运后转移到背部。在以后的 3 个多月时间中，母亲就辛辛苦苦地背着它们，直到孩子们完成全部的发育。

　　更为奇特的是产于澳大利亚昆士兰州的一种蛙，因为担心恶劣的孵化环境，母亲在产下蛙卵后，干脆一股脑儿吞进肚子里去，因而把自己的胃部撑得好大好大。蛙卵在妈妈的肚子里要待上 6~7 个星期。在这段时间里，为了让孩子们不受伤害，母亲只好停止进食，直到蝌蚪完全发育后，妈妈才像变戏法一样地把小青蛙一个个从嘴里吐出来。第一次看到这一惊世骇俗场景的人，一定会惊讶得连话都说不出来。

　　当然，青蛙和蟾蜍们这些违背常规的产卵和孵化方法，并不是它们特意别出心裁，实在是为环境所迫，所以即使产卵在陆地上，它们也是尽量选择潮湿的地方，或者努力创造合适的环境，甚至牺牲自己的身体。反过来说，如果它们不能演化出适合大自然的独特高招，势必会成为生物进化史上的匆匆过客。

卵的孵化

　　蛙能在陆地上生活，然而却有许多蛙在春天回到水中产卵。青蛙通常在池边和湖沼岸旁水深 30 厘米左右的安静地方产卵。在晚上或清晨时，雌蛙产下了一团团卵，卵由一层黏膜包起来，附着在池边的植物上。

　　蛙卵是球状体，上黑下亮，直径约 1.5 厘米。卵渐渐孵化后，就会饱含水分，胀成好几倍大。

　　不同种类的青蛙孵化期长短也不同，有的需要几天，有的需要几星期。蝌蚪从卵中孵出，长有带鳍的尾巴和鳃，看起来就像小树枝。

　　开始时，鳃长在体外，不久就被一层皮肤裹住，体内的肺渐渐长出来，而且也发生其他变化，腿渐渐长出来，先长出的是后腿，前腿要等到变形的最后一个阶段才会长出来，尾巴渐渐收缩，蝌蚪变成一只小青蛙，准备在陆地上生活时，尾巴就完全消失了。

天气暖和的话，从蝌蚪到青蛙的成长时间只要一个星期就够了。若天气冷，则要有两三个星期。

蝌蚪的尾巴哪里去了？

小小的蝌蚪长着一只长长的尾巴，后来竟慢慢地掉落，变成了一只没有尾巴的青蛙，这是为什么呢？

刚孵化出来的蝌蚪在水中要靠尾巴活动，以后由于慢慢长出了前肢和后肢，可以在水中游动或在陆上爬跳，尾巴就失去作用而掉落，但它的尾巴并不是掉落，而是自动消失的，因为我们从来也没有看见它掉落下来的尾巴。由于动物的细胞是由细胞膜、细胞质和细胞核组成，在细胞质里有一种叫溶酶体的小细胞器，它除了清除和吞噬进入细胞里的外来有害物质外，还能溶化和"吃"掉细胞自身新陈代谢过程中产生的一些废物或多余的东西。当蝌蚪的尾巴失去作用成为废物时，就被细胞中的溶酶体"吃"掉，所以蝌蚪的断尾巴我们从来也没看到过。

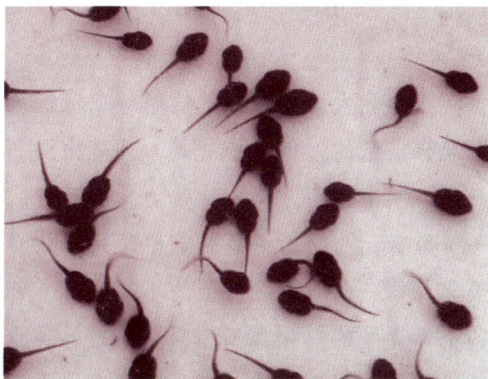

小蝌蚪

知识点

溶酶体

溶酶体是真核细胞中的一种细胞器；为单层膜包被的囊状结构，直径约0.025～0.8微米；内含多种水解酶，专司分解各种外源和内源的大分子物质。1955年由比利时学者C. R. de 迪夫等人在鼠肝细胞中发现。已发现溶酶体内有50余种酸性水解酶（至2006年），包括蛋白酶、核酸酶、磷酸酶、糖苷酶、脂肪酶、磷酸酯酶及硫酸脂酶等。这些酶控制多种内源性和外源性大分子物质的消化。因此，溶酶体具有溶解或消化的功能，为细胞内的消化器官。

延伸阅读

蝌蚪怎么找到妈妈的？

一到春天，成千上万的蝌蚪在河流湖泊的水面上集群游玩，它们是许多雌青蛙孵出来的，但奇怪的是，凡是由同一只雌青蛙孵出来的小蝌蚪始终集游在一起，从来也不分离。这是为什么呢？

原来，小蝌蚪并不是靠眼睛来辨认自己的兄弟姐妹，而是靠着它们的灵敏嗅觉。每一个雌青蛙孵下的小蝌蚪身上都有从母体带来的一种特殊气味，而且各个母青蛙的气味都不相同。小蝌蚪在水中成千上万地混游，但它们依靠嗅觉可以向母亲周围集中，直到变成青蛙之后，才各自分离。

蛙类的语言

青蛙的鸣叫是人们非常熟悉的。夏天，池塘、小河边，青蛙发出的叫声清脆响亮："呱呱呱"。

蛙类有专门的发音器官——声带，声带位于喉门的软骨上面。雄蛙的口角两边还有一对能鼓起来振动的外声囊，声囊可产生共鸣，使雄蛙的叫声更加嘹亮。但是，也有例外，有的蛙没有声囊。

蛙类不仅能发声，它们的听觉也十分灵敏。青蛙有内耳、中耳，而中耳口有鼓膜。声波振动鼓膜，通过中耳，传到内耳，才能听到声音。

青蛙的大嘴巴不仅能发声，它还能用口腔来接收声波。它的口腔长得大，可以贮存一部分空气。声波进入口腔以后，振动口腔中的空气，使中耳共振，传入内耳。这样，通过口腔、中耳共振，来接收声波，口腔起到了振腔的作用，好像收音机选择电台一样，能够使某些特定频率的声音放大，这使青蛙对同伴的特殊音调的叫声格外清楚。

如果你曾经住在水池附近，你一定会听过青蛙的叫声。它们晚上的鸣叫，有时足以令你睡不着！

有些雌蛙受伤的时候会发出某种声音，但是我们听到的熟悉蛙叫却仅限于雄蛙。雄蛙的鸣叫并不限于交配季节，交配季节过了很久之后，晚上还是可以听到蛙叫。

青蛙的呱呱叫声是这样发出的：它先吸氧，闭住鼻孔和嘴巴，迫使空气在嘴与肺之间来回流动，空气经过声带的时候，能使声带振动而发出声音。

很多种青蛙有声囊，与嘴部相连。蛙鸣叫的时候，这些声囊充满空气而胀大。扩大的声囊就像是共鸣器，可以帮助青蛙发出奇怪的呱呱声。美国牛蛙的叫声甚至在一里之外也可以听到。长成的青蛙有肺的时候，并不像我们一样吸入空气，它们利用鼻孔将空气吸入嘴里，同时降低喉咙，然后闭住鼻孔，上移喉咙，将空气推入肺内。

从进化的角度来说，青蛙是第一个真正用声带来鸣叫的动物。和人一样，青蛙的声带也是在喉室里，当空气急速经过时，声带振动就发出声音。除了声带外，雄蛙在咽喉两侧还有一对外声囊，鸣叫时向外鼓出成为两个大气囊，使声音更加洪亮。各种蛙的声音和调子不同，有经验的人可以凭着它发出的声调来判断是哪一种蛙在叫。雌蛙和雄蛙都能叫，但由于雄蛙有了声囊，所以比雌蛙叫得更响。

知识点

声 带

声带又称声壁，发声器官的主要组成部分，位于喉腔中部，由声带肌、声带韧带和黏膜三部分组成，左右对称。声带的固有膜是致密结缔组织，在皱襞的边缘有强韧的弹性纤维和横纹肌，弹性大。两声带间的矢状裂隙为声门裂，声带和声门裂两者合在一起称为声门，两栖类和哺乳类的声门构成发音装置。

SHUILU LIANGXI DONGWU ZHI DUOSHAO

延伸阅读

青蛙何时鸣叫？

　　当青蛙受到敌害的袭击时，就会发出急促的叫声。如果我们用手指压迫它身体的背面或捏住两侧时，它就要叫，压一次叫一声。几只蛙挤在一起，如一只蛙触到另一只的背或腹侧时，也同样要叫。在环境条件特别合适的情况下，也要叫，例如在夏天的夜晚，气温上升或是将要下雨的前夕或雨后，田野里的蛙声此起彼落，好像是在大合唱一样。除此以外，在生殖季节里青蛙叫得也很起劲，这是为了吸引异性伙伴来进行交配。

能吃的无斑雨蛙

　　无斑雨蛙体形较小，体长 31 毫米 ~ 41 毫米。吻圆而高，吻棱明显；颊部向外侧倾斜；鼓膜圆；舌圆厚，后端微有缺刻；犁骨齿两小团；指、趾端有吸盘及横沟。背面皮肤光滑，颞褶明显，腹面密布扁平疣，雄性咽喉部皮肤光滑而松薄。生活时背部绿色，体侧和腹面白色，体侧及前后肢上没有黑色斑点及深棕色细纹。

无斑雨蛙

　　无斑雨蛙分布在河北、河南、陕西、四川、贵州、湖北、安徽、江苏、浙江、江西、湖南、福建。3 月下旬在南方已有雌性在山边稻田鸣叫，雄蛙有单咽下外声囊及雄性线，第一指有白色婚垫。5 月中旬可见长有后肢的蝌蚪，5 月下旬完成变态。

　　据记载，夏秋捕捉鲜无斑雨蛙食用，有解毒之功效。还可治湿癣。无斑雨蛙在农耕区捕食棉铃虫、椿象、金龟子和象鼻虫等，对农作物起到一定的保护作用。

体形较大的雨蛙——古巴雨蛙

古巴雨蛙是雨蛙属中体形较大的一种，雌蛙体长超过 13 厘米。头部皮肤骨质化，有利于预防干旱。瞳孔横置；舌卵圆形且大，后端有缺刻；鼓膜明显。

生活时，体背及四肢呈现绿色或褐色；腹面为浅黄白色，且具扁疣。四肢有指；趾端部膨大成吸盘，前肢指间无蹼，后肢趾间有蹼。

古巴雨蛙主要分布在古巴和巴哈马群岛等中美洲地区，往北至美国的南佛罗里达也有分布。常栖于水塘、沟渠，或栖息在椰树和香蕉树上。以昆虫为食，时常捕食被街灯吸引的蚊虫。繁殖季节，通常在池塘内筑成泥窝，之后在其中鸣叫、交配及产卵，蝌蚪也在窝内水中生长发育。

我国常见的雨蛙——中国雨蛙

中国雨蛙在我国河南、湖北、江苏、浙江、湖南、江西、福建、台湾、广东、广西等地广泛分布，又被叫做小姑鲁门、雨鬼、绿猴、雨怪等等。

中国雨蛙指趾端有吸盘和马蹄形横沟，第三指吸盘大于鼓膜；部分关节下瘤成对或成凹形，掌部小疣多，胫跗关节前达鼓膜或眼，左右跟部重叠，足比胫短；关节下瘤小而显著。雄蛙体略小；有单咽下外声囊，咽喉部皮肤松，色深，鸣叫时膨胀成球状；第一指基部婚垫棕色；有雄性线。

背面皮肤光滑，颞褶细而斜直；内跗褶棱起。腹面密布扁平疣，咽喉部光滑。生活时背面绿色或草绿色，体侧及腹面浅黄色，一条清晰深棕细线纹，由吻端至颞褶达肩部，在眼后鼓膜下方有一条棕色细线纹，在肩部会合成三角形斑；体侧有黑斑点或相连成粗黑线；腋、股前后缘，胫、跗蹼内侧均有分散的黑圆斑；前臂及胫外侧有深色细线纹；跗足部棕色，内侧指、趾近于白色。

一般生活在灌丛、水塘、芦苇及麦秆等高秆作物上，夜晚多栖息于低处的叶片上鸣叫，头向水面，鸣声连续，音高而急，咽喉部鼓胀成球形，色浅黄而透明。捕后该蛙分泌出有辛辣臭气的黏液，几分钟后臭气消失，可能是一种保护性适应。白天，此蛙多匍匐在石下或洞穴内。

我国南方常见的雨蛙是华西雨蛙，华西雨蛙体形小，雄蛙体长 34～38 毫米，雌蛙 39～43 毫米。吻宽圆而高，吻棱明显。颊部垂直；鼻孔近吻端；鼓膜圆。舌较圆厚，后端微有缺刻。犁骨齿两小团。指端有吸盘和马蹄形横沟；

第三指吸盘略小于鼓膜；指侧具缘膜；内掌突长，外掌突小而圆；胫跗关节前达眼后角或略超过，左右趾跟显然重叠：趾端有吸盘和马蹄形横沟背面皮肤光滑，颞褶粗厚，上眼睑外缘延至头后侧有疣粒；内跗褶棱起；腹面遍布扁平疣。雄性体较小，有单咽下外声囊，咽喉部灰黑；有雄性线；第一指具深色婚垫。

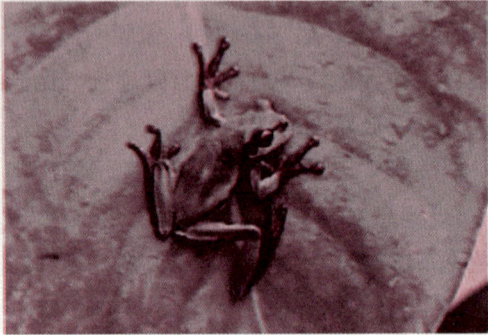

华西雨蛙

生活时背面纯绿色；头侧有紫灰略带金黄色纹，从吻端沿吻棱经上眼外侧，鼓膜上方达肩部，吻部的线纹窄些，向后逐渐变宽成为腋部的颜色；体侧、股前后方及跗蹠内侧都有极为醒目的黑色斑点。上臂基部和腋部一般各有一个大圆斑，个别的有几个小黑斑；肘内侧、口角后有的有小黑圆斑，股前后方、胫内侧均有黑斑点。前臂和胫外缘一般镶有细黑纹。腹面乳白色。

国内分布于四川、云南、贵州、广西。国外分布于印度北部、缅甸东部、泰国、越南北部等地，栖息于海拔 750 米 ~2400 米稻田地区，白天隐蔽于草丛中、土洞里或树洞中。常常在离地面很高的树叶上匍匐着。下雨前、后的夜晚，均有大批地出来活动，在田埂上、草上、秧苗上或爬上树，或浮于水面。鸣声为"阿哇—阿哇"，单音节，颇响亮。往往一个蛙领先叫一两声后，引起四周成百只蛙齐鸣；有时在天气将变的白天也偶尔能听到鸣声。

生殖季节多在 4 月底到 6 月底；卵小、成团，产于水田或小水塘内。蝌蚪体圆而肥，颇笨重，尾鳍高而薄，上唇无乳突，口角及下唇乳突多排，生活时为黄绿色，上下尾鳍色浅有云斑。数量较多，在农作区可消灭大量害虫。

知识点

疣

疣是人类乳头瘤病毒（HPV）所引起，以往认为这些疾病是慢性良性疾病，但发现 HPV 感染后有一部分会导致恶性肿瘤，如皮肤癌、舌癌和宫颈癌等，因而引起人们的重视。疣是病毒引起的以细胞增生反应为主的一类皮肤浅表性良性赘生物。受到感染后，约潜伏四个月左右发病。多见于青少年。

延伸阅读

雨蛙的重要作用

日本宫城县农业实验场近日实验证明，雨蛙在防治水田病虫害方面作用巨大，对环保型农业大有帮助。由于具有未消化就排泄的特征，雨蛙的食量特别大，除虫效果较好。实验场的研究人员将一只雨蛙和数百只吸吮稻穗汁液的黑尾叶蝉装在同一个直径 15 厘米、高 10 厘米的容器里。在 5 天的时间里，雨蛙每天吃 50 至 70 只黑尾叶蝉。随后，研究人员又在 30 平方米的水田里放一只雨蛙，与没有雨蛙的水田相比，黑尾叶蝉减少了 50%，稻青虫减少了 80%，而小褐稻虱减少了 30%。据实验场的主任介绍，雨蛙捕食能力极强，利用其除虫的作用，可建设真正的环保农业。

最毒的箭毒蛙

丛蛙身长只有 2 厘米～4 厘米。眼很大，带黑色。指、趾间均无蹼。体色十分艳丽，皮肤腺发达，分泌液中富有独特的生物碱，毒液能使人麻痹，甚至丧命。很久以前，南美洲雨林中的印第安人便把这种毒液收集起来，涂在箭头上，用以制敌。箭毒蛙的这种分泌液带有鲜艳的颜色，用来吓唬天敌，这也是它的自卫方法。

丛蛙分布于尼加拉瓜、巴拿马、哥伦比亚等地，具有领域性。常见于灌木的叶片上，树栖生活。据观察有的丛蛙一个月交配 2～4 次，平均每 10 天产一窝卵，每窝卵 12～30 枚。在产卵前，两个相近的雄蛙常常进行"战斗"，先是对侵入其领土者鸣叫，而后跳在一起，接着后肢站立并用前肢搏斗。在某些

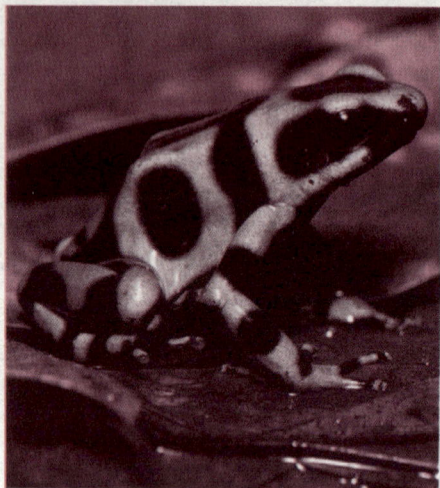

绿色丛蛙

特殊条件下，其他的丛蛙——不论是雄蛙、雌蛙——都将卷入"战争"。

在南美哥伦比亚的崔柯地区生活着一种箭毒蛙，它是世界上最毒的动物之一。其身躯很小，只有两个手指那么大，四肢满布着鳞纹，颜色鲜丽可爱。它的皮肤内藏着许多腺体，能分泌出一种叫蛙毒的剧烈毒液。据实验，这种剧毒的十万分之一克就能毒死一个人，五百万分之一克就可毒死一只老鼠。千百年来当地一些土人曾用这种蛙毒涂在箭头上制成毒箭，用以猎捕野兽或对付敌人，猎物中了这种毒箭，便会立刻死亡。这是一种很厉害的武器。

经研究发现，其毒液能破坏神经系统的正常活动，阻碍动物体内的离子交换，使神经细胞膜成为神经脉冲的不良导体，影响神经中枢发号施令和指挥各个组织器官活动，最终导致心脏停止跳动而死亡。

箭毒蛙的身体很小，一般不超过5厘米，但体色却十分艳丽。它好像在炫耀自己的美丽，其实是对其他动物的一种警告："千万不要触犯我，否则会自讨苦吃！"箭毒蛙主要生活在巴西、圭亚那、智利等中南美热带雨林中。它背部的皮肤里有许多毒腺，能分泌极毒的黏液，既可滑润皮肤，又可以保卫自己。因而，在那里除了人类，毒箭蛙几乎没有别的天敌。

当地的印第安人很早就懂得利用它的毒液了。他们用锋利的针把箭毒蛙弄死，然后放在小火上烘，烘热时毒液就从腺体中渗出来。这时他们就拿箭在蛙身上来回摩擦，制成毒箭。一只毒箭蛙的毒液，可以抹擦50支箭。用这样的箭去射鸟或猴子，可以使猎物立即死亡。这是因为毒液能破坏动物神经系统

印第安人

的正常活动，使心脏停止跳动，但是毒液是通过伤口起作用的，只要不划破皮肤，是不会造成死亡的。

知识点

印第安人

印第安人是对除因纽特人外的所有美洲原住民的总称。美洲土著居民中的绝大多数为印第安人，分布于南北美洲各国，传统将其划归蒙古人种美洲支系。印第安人所说的语言一般总称为印第安语，或者称为美洲原住民语言。印第安人的族群及其语言的系属情况均十分复杂，至今没有公认的分类。

➤ 延伸阅读

印第安人的民族性格

印第安民族可以说是世界上最好客的民族，联想到美国的感恩节的由来。最初感恩节没有固定日期，由各州临时决定，直到美国独立后，感恩节才成为全国性的节日，当然如今的感恩节也不是感谢印第安人了，而是感谢上帝的恩赐。由此，可以看出热情好客是印第安人的民族传统与民族性格。印第安人正直、朴实、刚毅、勇敢、感情丰富、温柔、谦和、说话算数、忠厚老实、慷慨大方，可以称得上是世界上道德最高尚的民族。

药肉兼用的林蛙

林蛙广泛分布于中国北部地区，国外俄罗斯、蒙古、日本、朝鲜也有分布。著名的滋补品"哈士蟆油"即是雌蛙输卵管的干制品。林蛙是传统的药用动物，亦是美味食品，东北现已人工养殖。野生种类应予以保护。以陆栖为主，常常在没有强烈光照、潮湿凉爽的环境中生活，以多种昆虫为食。

中国林蛙雌蛙体长约6~8厘米，雄蛙较小，体较宽短，头扁平；犁骨齿小，椭圆形，位于鼻孔后方；鼓膜显著。前肢短；指端圆，指较细长；关节下瘤发达，第三及第四指基部有指基下瘤；内掌突圆而大，外掌突小而窄长。后肢较短，左右跟部仅相遇，足长于胫；蹼发达，蹼缘缺刻较深，外侧蹠间蹼不发达；关节下瘤小；内蹠突椭圆形，一般无外蹠突或略现。雄蛙有一对声囊。

中国林蛙

皮肤略粗糙，背部及体侧有小疣粒，口角后部有一显著长形的颌腺向后延伸至前肢基部；有两个明显的蚓。腹部皮肤平滑。

生活时颜色变异不大。背面、体侧及四肢上部为土灰色或棕黄色，散有黄色及红色小点；鼓膜处有三角形黑斑；背侧褶有的呈现棕红色；四肢背面有显著的黑横纹，大腿背面一般有4~5条。腹面乳白色，腹后部及大腿腹面为浅黄绿色。

9月下旬至10月初从山坡林区迁到河沟附近，陆续进入水底冬眠。冬眠场所一般选择在水量充足的深水湾、暖水泉、泥洞等水域内，水深2米左右，严冬不能冻透。其冬眠期大致又可分为两个阶段：

散居冬眠。从入河至10月末（水域上层结冰为止），大约有一个月时间，林蛙一般分散潜藏在水底沙粒里、石块下、淤泥中以及杂草或树根间。

群居冬眠。大约在11月期间，当气温下降到-5℃以下时，林蛙向深水处集中，头部向下，四肢蜷曲，多由几十只至几百只，甚至上千只相互拥挤一处，直至次年3月中、下旬结束。

每年4月初至5月初是中国林蛙的繁殖期。在清明前后，林蛙随着河水解冻而苏醒。多在夜间特别是阴雨的夜晚进入产卵场，雄蛙一般先进入产卵场，多在黄昏后鸣叫，雌蛙闻声而至，雌雄蛙相会之后，雄蛙前肢拥抱在雌蛙的腋胸部，配对后3~5小时即可产卵。繁殖场水面较小，一般为一至数十平方米的静水区。产卵多在繁殖的浅水处进行，水深5厘米~10厘米，最深不超过

25 厘米。林蛙多在清晨产卵，每只雌蛙可产卵 800~2300 粒，产卵高峰时的平均气温为 10℃~11℃，平均水温为 5℃~8℃。雌蛙产卵完毕即上岸转入生殖休眠，雄蛙仍在水中等待其他雌蛙，还可再配。

中国林蛙的受精卵在水温 1.4℃~14.3℃条件下发育，从卵产出至外鳃消失共历时 20 天左右，外鳃消失后的小蝌蚪在水中能游泳自如，开始摄食。蝌蚪从外鳃消失至变态成幼蛙大约需 40~42 天，从卵产出至变态成幼蛙大约需 60~70 天。

变态后的幼蛙营陆栖生活。幼蛙登陆后在林区或草丛等潮湿环境中生活，2 龄蛙逐渐发育达性成熟，夏季卵巢内开始孕卵；3 龄蛙在 4 月开始繁殖；4~6 龄蛙的成蛙体质健壮，是性活跃盛期，产卵数量多；7 龄以上的蛙行动迟缓，皮肤呈褐色，疣粒增多。

中国林蛙广泛分布于北方各地，如黑龙江、吉林、辽宁、河北、山东、河南、山西、陕西、宁夏、内蒙古、甘肃、青海、新疆等省（区），以东北三省为主要产区。其数量多，在我国北方林区、牧区和农作区能大量捕食危害森林、牧草和农作物的害虫；雌蛙的输卵管干制品——哈士蟆油是我国名贵的中药材；蛙体既可食用，亦可干制入药，是我国经济价值较大的药肉兼用的蛙类。

产于黑龙江的蛙——黑龙江林蛙国内主要分布在黑龙江、吉林、辽宁，国外分布于俄罗斯、朝鲜。黑龙江林蛙体长 70~80 毫米。头较扁平，头长宽几乎相等。吻端钝圆而略尖，突出于下唇，吻棱较明显，无声囊，鼓膜圆形、其上具有明显三角形黑斑。犁骨齿两小团，椭圆形。舌后端缺刻深，鼓膜圆。前肢粗短，指端圆；后肢亦较短，左右跟部仅相遇或不相及。

皮肤粗糙、背侧褶明显，不甚平直，其间多疣突且基本成行排列，其外多分散小疣突。体色暗褐，背部多散在黑点，咽、胸和腹部及四肢内侧有许多红色或深灰色大小不等的花斑。四肢背面具黑色横纹。

黑龙江林蛙主要栖息在林内草甸和草甸湖水中，喜栖平坦的平原沼泽和湖泊静水，冬季在湖泊和江水中或入湖底淤泥中冬眠。翌春 4 月底或 5 月初出蛰，随即选择适宜的静水，抱对产卵。卵呈现团状，每团卵约 1200 粒。主要食物为昆虫及其幼虫。

黑龙江林蛙的输卵管虽不及中国林蛙，但多混用，亦可入药作为滋补品使用。其肉白嫩可口，亦谓野味佳肴之一。黑龙江林蛙主要捕食昆虫，且因其分布较广，数量也大，故消灭大量有害昆虫而给农林业带来很大益处。

知识点

哈士蟆油

　　哈蟆油药材呈不规则块状，弯曲而重叠，长 1.5～2cm，厚 1.5～5mm，表面黄白色，呈脂肪样光泽，偶有带灰白色薄膜状干皮。摸之有滑腻感，在温水中浸泡体积可膨胀。气腥，味微甘，嚼之有黏滑感。来源为蛙科动物中国林蛙或黑龙江林蛙雌性的干燥输卵管。

▶▶▶ 延伸阅读

林蛙的药用价值

　　中国林蛙被立为中国"四大山珍"（熊掌、林蛙、飞龙、猴头）。雌蛙输卵管制成的林蛙油（田鸡油）素有软黄金之称，是世界公认的滋补品之王，《本草纲目》《中药志》《中药大辞典》和《本草图经》及日本的《本草》中均有记载。林蛙油有补肾益精、养阴润肺、补脑益智、补气血、抗衰老、抗癌、消炎、美容等特殊功效，常应用于身体虚弱、病后失调、精神不足、心悸失眠、盗汗不止、痨嗽咳血等症，用其给手术后病人口服可促进手术伤口愈合，效果极佳，抗疲劳效果明显，人服用后可提高记忆力等。林蛙油主要成分为蛋白质占总量的 56.3%，纯蛋白质含量为 40.7%，另外，还含有蛙醇、多糖类、磷脂、维生素、脂肪酸、氨基酸、微量元素及多种激素等。

蛙里的"巨人"和"矮子"

蛙类里的"巨人"——牛蛙

　　牛蛙是蛙类王国的"巨人"，是世界上著名的食用蛙。它身长 20 厘米左右，体重足有 0.5～1.5 千克。雄牛蛙叫声洪亮，好像牛叫，所以叫牛蛙。

牛蛙体色多变化，背部为深绿色、褐色或棕色，腹部淡黄色，四肢有黑色条纹。咽喉部呈黄色，鼓膜与眼相等，雄蛙具一对声囊。体长约20厘米，后肢长达25厘米。后肢趾端具全蹼。

牛蛙是独居的水栖蛙，生活在池塘、水田附近，食性广泛，吃各种昆虫、小鱼、小蛙和螺类。它白天休息，晚上夜深人静的时候就四处活动，寻找食物。牛蛙的警惕性很高，一有动静，就会"扑通扑通"跳入水中"避难"。不过，它十分健忘，刚刚还在被敌人追击，转眼间就忘得一干二净了，因而它常在原处被捉住。牛蛙见到光以后会发呆，在漆黑的夜晚，如果你用手电筒照它的眼睛，它就会呆住不动，任人捕捉。

牛 蛙

在一年四季的生活中，牛蛙的肤色会随着季节的改变而不断变化。它在冬季和早春季节的"装束"是深褐色；春夏季又逐渐变成鲜绿色；秋季变成淡褐色，然后颜色慢慢变深。显然，牛蛙的肤色变化，既是适应保护自己免遭敌人侵袭的需要，也是为了觅食生存。这是它在漫长的生物进化中形成的一个习性，为什么它能够变色呢？

原来，在牛蛙的身体里含有一种色素粒，这种色素粒藏在皮肤细胞内，在季节交替、环境温度改变时，牛蛙体内的激素和神经系统会作出相应的反应，使色素粒形成聚集或分散的结果。在环境温度升高时，色素粒会逐渐被集中到细胞的一个点上，从而使肤色变浅；当环境温度下降时，皮肤细胞内的色素粒会分散开来，这样肤色就变深了。

牛蛙在春季繁殖，到了繁殖季节，雄蛙便爬在雌蛙背上，用前肢紧紧抱住雌蛙，一直要呆到雌蛙受精产卵后，才行分离。其交尾时间之长，在动物界实属少见。它们把卵产于水中，年产卵约9万粒。蝌蚪呈绿褐色带有深色斑点，多底栖生活。由卵孵化成蝌蚪，由蝌蚪变化到成体需要4～5年，决定于气候条件。牛蛙"父亲"是非常负责的，它保护受精卵安全孵化，直到育成蝌蚪，才依依不舍地离去。牛蛙的蝌蚪有很强的再生能力，一条腿断了，又会长出一条新的。但是，长成牛蛙后，就失去了这种再生能力。这时如果失去了腿，就会变成终身残废。

体形最小的蛙——倭蛙

倭蛙的体形较小；吻端尖圆，吻棱不显；瞳孔椭圆；鼓膜较显；犁骨齿两小团，在内鼻孔内下方；舌大，后端游离，微有缺刻。前肢短；指、趾端钝圆，关节下瘤显著；掌突不明显。后肢短，胫跗关节前达肩部，左右跟部仅相遇；趾间几乎为全蹼，关节下瘤不显；内蹠突小，卵圆形，无外蹠突。

倭　蛙

此类蛙基本上皮肤粗糙，背部有明显的长短不一的长疣，在脊的两侧排列较规则；颞褶厚而平直，与口角后的长腺褶形成一沟。腹面后端及股后下方有扁平圆疣，咽喉部常有一横置的肤褶。

生活时，倭蛙的颜色变异颇大。背面由黄绿至深绿，上面有深棕色或黑色的斑纹，一般多散布在长疣上；后肢上的斑纹不规则；颌缘及指、趾端为浅黄绿色，腹面米黄色。雄性倭蛙第一指上的婚垫极发达；皮肤较粗糙，背部满布小白痣粒，无声囊。

倭蛙在我国主要分布于四川、青海、甘肃等省，栖息在高原沼泽地带，在池塘、小山溪旁都可发现；有时匍匐在池边的石下，夜出，蹲在空旷地上；无论在水中或地上均不活跃，易于大量捕获。蝌蚪出水孔位于左侧，无游离管；口小，口角及下唇之唇乳突较多，下唇缘均有乳突。

知识点

婚垫

蛙类到生殖期，新郎前肢第一指或二三指之间的基部，有特别显著局部隆起的肉垫，上面富有分泌粘液的腺体或角质刺，动物学家把这种垫叫做"婚垫"或者"结婚的胼胝"。有了这种"婚垫"新郎才能在水中紧紧地拥抱着皮肤滑腻的新娘。蛙类的这种婚装虽很简单，却很实用。婚垫的形成与消退受 T（睾酮）调控。婚垫发育的变化周期与精子发生进程和精巢系数具相关性，即婚垫的形态特征可间接反应精巢的发育状况。

延伸阅读

无指盘臭蛙——我国体形较大的特产蛙类

无指盘臭蛙又叫青鸡，体形较大，雄蛙平均体长75毫米，雌蛙平均87毫米。头顶平扁，吻端钝尖，略超出下颌，吻棱较明显；颊部略向外倾斜；鼓膜极显著；犁骨齿微斜直，超过内鼻孔的后缘；舌后缺刻深。指粗厚而略扁，末端浑圆，而无横沟；关节下瘤发达，外侧三指具指基下瘤。后肢长。胫跗关节前达鼻孔附近，趾间全蹼，蹼达趾末端，第一及第五趾游离侧有窄缘膜；内蹠突卵圆形无外蹠突。

雄性体小，第一指基部深灰色，婚垫极肥厚，上覆以绒毛状突起，胸腹部中央有小白刺；有一对咽侧内声囊。

体背皮肤较光滑，有凸凹不平的细颗粒，连续成网状；颞褶短；体侧及体后端肛侧均有疣粒，疣粒上有成丛的白刺；雌性腹面皮肤光滑。

生活时颜色变异颇大。背部及体侧基色为棕褐，背面散有不规则的绿色斑纹，或连续成片；体侧绿色较少，长疣上一般为金黄色；口缘有棕色与浅金绿色交织而成的斑点。腋及胯部绿黄色。咽喉及腹部灰色或黄色。

生活环境较广泛，国内分布在四川、云南和贵州，在山区的静水塘、大小河溪等环境中均可发现。一般匍匐在岸边的石穴或草丛中，特别喜栖于深潭的附近；隐蔽得很好，不易发现，如被惊动即跳入水中，可以潜水很久。5—6月间产卵，卵产在回水凼内，呈块状。4～7月可采到各期能越冬的蝌蚪。蝌蚪出水孔位于左侧；口角及下唇缘有唇乳突一排，口角内侧有副突；角质颌细窄。生活时背部为棕黄色，间以深棕及金黄色点。

鼓膜特殊的蛙

我国唯一鼓膜凹陷的蛙——凹耳蛙

凹耳蛙很小，雄体长 32～36mm，雌长 52～60mm。头体扁平；吻棱明显；瞳孔圆形；鼓膜凹陷，雄蛙呈一略长而斜的外耳道，外观鼓膜不易见，雌蛙鼓膜凹陷不如雄蛙深；无颞褶；舌梨形，后端缺刻深。胫跗关节达吻端；跟部重叠较多；四肢细长，指、趾端均扩大成吸盘状；外侧三指有马蹄形横沟；关节下瘤显著，趾间全蹼，内蹠突长椭圆形，外蹠突小而圆。雄蛙第一指有灰白色婚垫，鼓膜凹陷深，形成外耳道，有一对咽侧下外声囊。

凹耳蛙

背部皮肤光滑；体背后端，体侧及四肢背面有许多小疣粒；头部无颞褶；口角后方具有黄色颌腺；背侧褶显著。生活时头体背面棕色或土褐色，有形状不规则的小黑斑，体侧散有许多小黑斑；四肢背面有 3～4 条黑横纹，股后有棕色网状花斑。上唇缘有一条醒目黄纹；体侧色较淡。

凹耳蛙生活在丘陵山区小溪流岸边，非繁殖期常在溪边山坡草丛中或灌木林枝叶上，繁殖时，于夜间陆续进入溪流之中，蹲栖在潮湿石块上，雄蛙发出清脆的"唧唧唧——唧唧唧"叫声，5—6月中旬为产卵期。

长着黑三角斑的鼓膜的蛙——日本林蛙

日本林蛙吻端钝尖，超出于下颌，吻棱钝。颊面凹陷。鼓膜大而圆。犁骨齿位于内鼻孔之间，舌呈卵圆形，后端游离且缺刻深。背部及体侧皮肤有少数圆疣，背侧褶细而窄，在眼后鼓膜背方向外侧变曲，在口角后方有细小的颌腺。腹面股基部有扁平疣。

日本林蛙的体色为橄榄色、灰棕色或淡棕红色。鼓膜处有黑三角斑。颌腺为棕黄或乳白色，两眼间有一条深色横纹。四肢背部有横纹。

日本林蛙在我国国内分布于甘肃、河南、四川、湖北、安徽、江苏、浙江、江西、湖南、福建、贵州、广东、台湾；在国外分布于日本、朝鲜。一般生活在海拔 2000 米左右的山区。栖息于水塘、沟田

日本林蛙

周围，以昆虫为食。繁殖季节为 3～8 月，卵彼此粘连成团，卵径 1.8 毫米～2.0 毫米，外有两层胶质膜，蝌蚪为灰绿色，尾部色浅。

知识点

鼓　膜

鼓膜也称耳膜，为一弹性灰白色半透明薄膜，将外耳道与中耳隔开。鼓膜距外耳道口约 2.5～3.5 厘米，位于外耳道与鼓室之间，鼓膜的高度约 9 毫米，宽约 8 毫米，平均面积约 90 平方毫米，厚度 0.1 毫米。鼓膜呈椭圆形，其外形如漏斗，斜置于外耳道内，与外耳道成底 45°～50°，致使外耳道之后上壁较前下壁为短。

延伸阅读

凹耳蛙的听觉

中科院生物物理所研究员沈钧贤告诉《科学时报》记者，凹耳蛙是中国特有蛙种，由赵尔宓院士和吴贯夫等人于 20 世纪 70 年代中期在黄山桃花溪边

发现。"这种蛙发出的声音很特殊，像鸟鸣般的'叽叽'声，又尖又细，当地人称它们为'水吱'"。与其他蛙的鼓膜紧贴在身体表面不同，中国凹耳蛙的鼓膜深入头腔，具有与鸟类相似的外耳道。目前已知鼓膜下陷的蛙，还有产于婆罗洲的洞蛙。沈钧贤及同事在之前的研究中，已证实雄凹耳蛙有超声通讯能力，凹耳蛙是第一个被发现具有超声听觉的非哺乳动物，而且雄凹耳蛙的超声精度甚至可与蝙蝠媲美。沈钧贤表示，如此准确的声源定位能力，有生物进化意义。通过大量的声行为学、电生理学及激光测振实验，沈钧贤等人发现，凹耳蛙听觉存在显著的性别差异，即雄蛙进化了超声听觉，而雌蛙听不见超声。相比其他绝大多数蛙，凹耳蛙声通讯的频率范围较低（上限在 5000～8000 赫），它们是用高频声音进行通讯的一种蛙。沈钧贤等人的实验数据表明，雌凹耳蛙的高频上限约为 16 千赫，雄蛙则达到 35 千赫，但雌蛙却比雄蛙更灵敏——其听觉阈值比雄蛙低了 10 分贝还多，而雄蛙听觉灵敏范围则向高频移动。

特殊皮肤的蛙类

粗皮肤的蛙——粗皮蛙

粗皮蛙又叫皱皮蛙、青拐子、癞咯巴子，指较长末端钝圆，关节下瘤圆形，指基下瘤小；掌突 3 个，呈椭圆形。后肢较长，胫跗关节前达眼，左右跟部重叠；趾端钝圆，趾间几乎全蹼，缺刻浅。趾关节下瘤小而圆；内蹠突椭圆形，外蹠突极小而圆；有内外跗褶。

粗皮蛙

它的皮肤十分粗糙，几乎全身满布形状和大小不一的疣粒，体背面多为长形疣，断续成纵行，其间有小疣粒；前臂及股、胫背面肤棱断续成条状。

生活时体背面为青灰色并杂以黑斑，体背面和体两侧疣粒和肤棱为浅黄色；胸部和腹部两侧黄色，腹部灰色；四肢背面有黑横纹，股、胫部各有 3 ~ 4 条横纹；后肢腹面浅黄有灰色斑；趾蹼有黑云斑；颌腺和跗褶浅黄色。

雄蛙体形较小，第一指具灰色婚垫；有一对咽侧内声囊；体背侧有雄性线。

蝌蚪体较扁平，出水孔位于左侧。口部位吻端腹面，两口角及下唇缘有乳突，口角部还有副突。

粗皮蛙分布在我国黑龙江、吉林、辽宁等省的丘陵地区，它们多栖息在水流缓慢的河流，沟渠岸边。白天常隐蔽在水域边石下或石缝中，也潜伏于水底；夜晚栖于岸边或到稻田内觅食昆虫，行动敏捷，稍受惊扰即潜入水底或钻入石块下。6 ~ 7 月为繁殖季节，多在夜间产卵，雌蛙约产卵 900 ~ 1360 个。

皮肤易破的蛙——脆皮蛙

脆皮蛙的外形与大头蛙相近似，但脆皮蛙的皮肤极易破裂。吻端钝圆，枕部左右侧降起；鼓膜不显；犁骨齿发达；舌后端有缺刻；下颌前端有一对齿状突，雄蛙者较雌蛙者发达。

脆皮蛙的指端呈球状，第二及第三指侧缘膜明显；关节下瘤发达；后肢较粗短；胫跗关节前达眼后角，左右跟部不相遇；趾端球状；趾间全蹼，第一及第五趾游离侧具缘膜；内跗褶斜向跗中部；关节下瘤、掌突及蹠突均明显，无外蹠突。

它的皮肤光滑，眼后至背侧中部各有一行或断或续的窄长疣；体侧、后背及四肢背面散有疣粒，在胫后外侧及跗的近端疣刺明显。腹面皮肤光滑。

脆皮蛙

生活时背面呈棕红色，上下唇缘有黑斑；两眼间及四肢背面有黑横斑，股背面也有 3 ~ 4 条横斑，胫部内外侧各有 3 条短斑，在胫背面不相连，跗足背面黑斑多而不规则；体背中部有"W"形黑斑。雄蛙头长于头宽，枕部隆起，下颌齿状骨突发达；体背侧雄性线显著；无声囊；无婚垫。

蝌蚪吻端宽圆，鼻孔位吻眼之间，眼大，出水孔小，位体左侧，肛孔位于尾基部右侧。口小而唇缘极宽；上唇无唇乳突，口角及下唇有乳突。

脆皮蛙生活在山区平缓浅水沟内，沟内多为大小卵石或石块，水质清澈，一般水量较小而浅，常在石块间流过，溪沟两岸有高大乔木或灌丛。成蛙常在石块间或石下活动，行动敏捷，跳跃力强。稍受惊扰立即用后肢翻起浪花，随后钻入石下或石间。该蛙皮薄肉嫩骨骼质脆，捕捉时用力稍大，则导致皮破骨折，这是其他蛙类罕见的，故称"脆皮蛙"。

知识点

声　囊

声囊是大多数雄性无尾两栖类咽部突出的薄膜囊，对声音有共鸣作用，为第二性征之一。声囊是无尾类分类的重要特征。声囊在口角处的开口，为声囊孔。观察声囊孔的有无，则知声囊存在与否。声囊存在于两口角外侧，皮肤声囊呈皱褶状，鸣叫时薄膜囊突出的，称外声囊。外声囊单个，位于咽下者，如雨蛙类、姬蛙等；外声囊成对，位于咽下的有虎纹蛙、沼蛙等，外声囊位于咽两侧的有黑斑蛙。声囊位于肌肉和皮肤之间，称内声囊。位于咽下具单个内声囊者，如花背蟾蜍、棘腹蛙等。位于咽侧有成对内声囊者，如金线蛙、中国林蛙、峨眉树蛙等。无声囊的也能发音，但声音细弱，如中华大蟾蜍。繁殖期，雄蛙的鸣声能吸引雌性共同移向繁殖场所，故为第二性征之一。

▶▶ 延伸阅读

蛙类皮肤里的抗菌肽

两栖类动物的皮肤裸露、湿润，无疑给外界微生物的侵入提供了便利条件，因此在长期的进化历程中，它们的皮肤中演化形成了一套有效的抵御微生物侵袭的防御系统——抗菌肽。抗菌肽是广泛存在于生物界中的一类生物活性肽，由 10~50 个氨基酸构成。抗菌肽具有相对分子量低、水溶性好、低抗原性和热稳定性强等特点，多数抗菌肽具有抗细菌或真菌的作用，有些还具有抗原虫、病毒或肿瘤细胞的功能，并对动物体内的正常细胞影响较小。为开拓和适应广阔的栖息地及多样的生态条件，相对于其他生物而言，两栖类动物皮肤含有数量和种类更多的抗菌肽，是天然抗菌肽巨大的资源库。蛙科动物是分布最广泛的两栖动物，几乎遍及各大洲，占据着不同的生态地位，它们皮肤抗菌肽在种类和数量等方面，都是极其惊人的。东北林蛙为主要分布在我国东北长白山脉的重要经济动物，前期的工作研究表明，东北林蛙的皮分泌物由多种组分组成，其皮肤分泌物抗菌肽粗提物具有广谱的抗菌活性，但其具体成分、结构特点、生物学特性尚不清楚。

叫声个性的蛙类

双团棘胸蛙——"梆、梆、梆……"的叫声

双团棘胸蛙体长 8~12 厘米。蛙体肥硕，后肢有力，趾间全蹼，适应水栖游泳。皮肤粗糙，雄蛙胸部具黑色角质刺，背部有成行的长疣；前肢粗壮，内侧 3 指有发达的锥状婚刺。

双团棘胸蛙常栖息于海拔 1500~2400 米的山溪，成蛙白天隐藏于石缝或石下，夜晚外出活动。繁殖季节发出"梆、梆、梆……"的鸣声，洪亮而粗，又叫做"梆梆鱼"。主要分布在东南亚，我国分布于四川、云南、贵州。

5~9 月是双团棘胸蛙的产卵期。卵呈乳白色，一般是 5 个~12 个的外层胶膜相连为一串，一端附着在倒于溪中的树枝或石下。蝌蚪深棕褐色，体肥，尾长，尾肌发

双团棘胸蛙

达，游泳能力极强。蝌蚪可越冬，翌年完成变态。成蛙虽是美味食品并可入药，但因是有益动物，更应注意保护。

沼蛙——像狗叫

沼蛙的鸣叫声很像狗叫，因此又被叫做水狗。沼蛙个体较大，雄蛙平均66毫米，雌蛙平均76毫米。头部较扁平。吻端钝尖，突出于下颌，吻棱明显；颊部略向外侧倾斜；鼻孔近吻端；犁骨齿横置；关节下瘤及掌突均发达，有指基下瘤。

沼　蛙

后肢长，约为体长的 1.5 倍；胫跗关节前达鼻眼之间，左右跟部重叠；趾端钝圆，有马蹄形横沟；趾长，除第四趾外其余具全蹼，关节下瘤显著；内蹠蹄突卵圆，外蹠突不显；有内外两个跗褶。雄性有一对咽侧下外声囊；鼓膜较大；第一指婚垫不显；无雄性线。

皮肤较光滑；背侧褶显著，自眼后直达胯部；腿部细痣粒排列成行；无颞褶；口角后端至肩基部有二显著浅色颌腺。雄性前肢基部前方有肾脏形的大臂腺。

生活时背部棕色，沿背侧褶有黑纵纹，体侧有不规则的黑斑；后肢有黑色横纹，股后方有灰黑色花斑；腹面白色。

成体分散栖居于稻田或池塘边土洞中，土洞常是淹没在水中的。在繁殖季节不分昼夜，都可以听到"咣、咣"的音节，有时连续叫二三音节。产卵季节在 6 ~ 7 月。蝌蚪灰绿色有麻点，尾部棕色，有云斑。能捕食多种害虫，并能药用。国内分布在四川、云南、贵州、河南、安徽、江苏、浙江、江西、湖北、湖南、福建、台湾、广东、海南和广西。

沼蛙除了能捕食大量害虫外，还具有药用价值。在夏秋季捕捉，洗净，去皮和内脏，鲜用，有活血消积的功效，主治疳积等症。

知识点

疳 积

　　疳积是疳症和积滞的总称。疳症是指由喂养不当，脾胃受伤，影响生长发育的病症，相当于营养障碍的慢性疾病。积滞是由乳食内积，脾胃受损而引起的肠胃疾病，临床以腹泻或便秘、呕吐、腹胀为主要症状。古人有"无积不成疳"、"积为疳之母"的说法。

延伸阅读

像猫叫的夜蛙

　　猫叫夜蛙因其独特的"猫叫声"而得此名，它是最近在印度西部地区发现的青蛙新品种之一。据德里大学的生物学家比基·达斯说，体长 1.4 英寸（3.5 厘米），生活方式非常隐秘，它们经常躲藏在印度喀拉拉西高止山脉和泰米尔纳德邦的岩石缝隙里。1994 年到 2010 年间，达斯及其同事在印度西海岸的森林里寻找生活在小溪里、喜欢夜间活动的蛙类。据 2011 年 9 月 15 日发表在《Zootaxa》杂志上的一项研究指出，除了 12 种新种青蛙外，该科研组还重新发现 3 种被认为已经灭绝的青蛙。

不同花纹的蛙类

金线蛙——背上的金黄色纵纹

　　金线蛙又叫金钱蛙，体中等大，略扁，吻钝圆，吻棱不显。颊部向外侧倾斜。鼓膜大而明显，几乎与眼径等大，犁骨齿两小团。指端钝尖，关节下瘤明显。后肢粗短，胫跗关节前达眼与鼓膜之间，左右跟部仅相遇；趾钝尖；趾间几乎全蹼，第五趾外侧具缘膜；关节下瘤小而明显；内蹠突极发达，成刃状，外蹠突极小。

金线蛙

背部及体侧的皮肤有分散的疣；背侧有一对背侧褶，自眼后至胯部，前端的褶较窄，以后逐渐宽厚，有时在后端不连续，颞褶不显；外跗褶清晰。腹面光滑，肛部及股后端有疣。

生活时背面绿色或橄榄绿色；背侧褶及鼓膜棕黄色；后肢背面棕色横纹不显，股后方有黄色纵线纹，这一线纹的下方又有较宽的酱色纵纹。腹面鲜黄或带有棕色点，咽喉及胸部更为显著。

金线蛙常居于长有莲藕的池塘内，平时多匍匐在藕叶上，或居于较大的池塘内，将头部露出水面，或在湖边。成体可吞食鱼苗。繁殖季节在4~6月。

金线蛙在我国主要分布在河北、山东、河南、山西、安徽、江苏、浙江、江西、福建、台湾等地。数量多，常栖息在稻田、藕塘及其附近，能大量捕食害虫，其有益系数为37%。其药用功效与黑斑蛙相同，有利水、消肿、解毒、止嗽之功效，主治水肿、膨胀、喘息、麻疹、痔疮等病症，胆可治疗咽喉肿痛、糜烂、麻疹合并肺炎等。

虎纹蛙——长有虎纹

虎纹蛙体形大，体长约120毫米，重可达250克。前肢短，指短，指端钝尖，第二及第三指侧具厚缘膜；关节下瘤大而明显；无掌突。后肢短，胫跗关节前达眼后方或肩部，趾末端钝尖；趾间全蹼，第一及第五趾游离部位缘膜发达，有内跗褶；关节下瘤比指的小；内蹠突窄长具游离刃，无外蹠突。背部有长短不一、排列不很规则的肤棱，一般断续成纵行排列。下颌前部有两个齿状骨突。

皮肤极粗糙；无背侧褶，上眼睑有肤棱，顺眼睑作弧形排列；肤棱之间散有小疣粒，胫部疣粒成行清晰；跗外侧及蹠底部有颗粒；头侧口缘及腹面的皮肤光滑。

雄蛙体较小；有一对咽侧下外声囊；前肢粗壮，第一指上灰色婚垫发达；有雄性线。

生活时背面黄绿色略带棕色；背部、头侧及体侧有深色不规则的斑纹；四肢横纹明显。腹面白色，或在咽喉部有灰棕色斑。

虎纹蛙一般栖息在丘陵地带山

虎 纹 蛙

脚下的水田、鱼塘、水坑内，一般靠近住宅区较多；白昼匿居田边洞穴中，鸣声如犬吠。非常敏感，略有响动，即迅速跳入深水塘中，由于腿发达，跳跃能力很强。产卵季节5月份左右。单枚卵浮于水面。蝌蚪生活在静游水池中，底栖。国内分布于河南、陕西、云南及长江流域和以南各省（区），台湾和海南亦产。国外分布在印度、尼泊尔、孟加拉国、斯里兰卡和东南亚地区。

虎纹蛙捕食多种昆虫，如稻苞虫、螟虫、稻蝗、金龟子、蟋蟀、稻纵卷叶螟、黏虫、蚊、蝇，以及蚯蚓、蜘蛛、小型蛙类，如泽蛙、饰纹姬蛙和蝌蚪，其中有害昆虫占多数，对农作物有一定的保护作用；也可作为教学和科研的实验动物。此蛙体大，肉味颇佳，其数量多，是南方群众喜吃的肉用蛙。过去因被大量捕捉食用，已导致资源枯竭。为保护和发展资源，国家已将虎纹蛙列为国家二级保护野生动物。目前，在广东和福建地区已开展人工繁殖和饲养试验工作。

花臭蛙——长有细而弯的线纹

花臭蛙中雄蛙体小，体长43～47毫米；雌蛙体大，为78～85毫米。头顶扁平，头长宽几相等。吻端钝圆，略突出于下颌。鼓膜明显，犁骨齿二斜行

花 臭 蛙

很强。舌后端有缺刻。指末端膨大成扁平吸盘，趾间全蹼。皮肤光滑．体背布满细而弯曲的线纹。生活时背部绿色，有棕褐色大斑点。颌缘及体侧黄绿，有黑棕色斑点，沿体侧的斑点排列成直行。四肢棕色。股后方云斑状。

它们一般生活在海拔 1000 米以上的山溪中，黄昏时喜在长有苔藓植物的石块或岩壁上。稍有惊动，即跃入深潭里，可在水中长时间潜伏。卵大，动物极棕褐色，植物极色浅。以捕食害虫为主，对农林业有益。国内分布在河南、陕西、甘肃、四川、贵州、湖北、安徽、江苏、浙江、江西、湖南、福建、广东、广西。

阔褶蛙——有清晰褐黑色横纹

阔褶蛙体形较小，体较扁平，吻棱极明显；鼻孔近吻端；鼓膜约为眼径之半；犁骨齿两短斜行，在内鼻孔内侧。指细长，关节下瘤、指基下瘤及掌突均极明显。胫跗关节前达眼前角；趾略膨大成小吸盘，马蹄形横沟将趾端分隔成背腹面；蹼发达，蹼缘缺刻深；外侧蹠间有蹼；关节下瘤较小；内蹠突卵圆，蹠突圆略小。

阔褶蛙

雄蛙体略小；吻端显然比较尖；前臂粗壮，上臂有一扁臂腺；第一指浅色婚垫较光滑；有一对咽侧下内声囊；有雄性线。

皮肤粗糙，背侧褶极为显著，自眼后角到胯部，后端的常断成疣粒。吻端、头侧、前肢及腹面皮肤光滑；无颞褶；口角后两团颌腺极为显著；跗褶两个，褶上也有刺粒，可延续到蹠底部。

生活时背面黄褐色，体侧色略浅，均有深色斑；背侧褶棕黄白色；后肢背面颜色比体背略深，具褐黑色横纹，极为清晰。腹面浅黄色，有的有灰色细斑点。

成蛙分布在贵州、安徽、江苏、浙江、湖南、福建、台湾、广东、广西等地，一般生活在水田或静水塘中；夜间蹲在田边，仅将头部伸出水面鸣叫。5月间产卵；蝌蚪尾末端钝尖；腹面有 3 个腺体，一对在后肢基部两侧，1 个在口下方；下唇乳突两排，外排的长而疏。生活时背面为绿棕色，有深棕色细点，尾部有细棕点。

知识点

金龟子

金龟子属无脊椎动物，昆虫纲鞘翅目，是一种杂食性害虫。除为害梨、桃、李、葡萄、苹果、柑橘等外，还为害柳、桑、樟、女贞等林木。常见的有铜绿金龟子、朝鲜黑金龟子、茶色金龟子、暗黑金龟子等。金龟子是金龟子科昆虫的总称，全世界有超过 26 000 种，可以在除了南极洲以外的大陆发现。不同的种类生活于不同的环境，如沙漠、农地、森林和草地等。

延伸阅读

豹蛙——加拿大、美国的常见蛙类

豹蛙是加拿大和美国常见的蛙类。体长 5~13 厘米，灰色、绿色或褐色，纵长的背脊颜色略淡。背部有深色斑点，斑点边缘颜色稍淡。叫声由喉部发出的鼾声和呼噜声组成。外貌与其亲缘种类南方豹蛙、平原豹蛙、小狗鱼蛙及里奥格朗德豹蛙相似。豹蛙主要分布在北美洲，生活于沼泽地和低草地及池塘，常远离水域。善跳跃，可跳跃 1.5 米甚至更远。常用于教学或作实验材料。

高原上的蛙类

高山倭蛙——家住高山

高山倭蛙是倭蛙的一种，吻端圆，吻棱明显；无鼓膜和鼓环；犁骨齿两小团，在内鼻孔内侧；舌椭圆形，后端缺刻浅。指细长而浑圆，关节下瘤小而明

显；内掌突显著，外掌突小。胫跗关节前达眼后角，左右跟部仅相遇或略重叠；趾间蹼发达，第一及第五趾游离侧有缘膜；关节下瘤小而清晰；内蹠突小有游离刃，无外蹠突。高山倭蛙的皮肤粗糙，背部无背侧褶，小白刺粒连缀成纵行，在或长或短的肤褶上有颞褶，腹面皮肤光滑。

生活时背面浅棕色，有深棕色斑纹，一般多与纵行的小白刺相吻合；一条较宽的深棕色纹自吻端始沿吻棱至颞褶下方，沿上颌缘也有深色纹，有的标本不清晰；四肢背面无规则的横纹。眼球的上半部为浅蓝色，下半部棕色；瞳孔略呈圆形。背部或有一条黄色脊纹，自吻后直达肛部。

雄性前臂粗壮，背面有厚腺体；内侧二指基部有棕黑色婚垫；胸部有一对棕色小刺团成"八"字形排列；头侧下颌缘均有分散的小白刺。无声囊；无雄性线。

高山倭蛙在藏南分布较为普遍，数量亦较多。一般在山谷下的溪沟中和积水洼地均可见到；较耐旱，常钻入松土中。在溪沟或引灌后的洼地可采到卵及蝌蚪，6～7月间产卵。蝌蚪出水孔在左侧，肛孔在右侧。下唇齿第一排略短；唇乳突较齐整而方圆，口角近下唇处有少数副突；角质颌较粗壮。

滇蛙——住在云贵高原

滇蛙又叫田鸡，体形中等，体长约50毫米左右；吻端钝尖；鼓膜显著；犁骨齿两小团，在内鼻孔内侧。前肢较为粗短；指端钝圆，指细长；关节下瘤明显。后肢长，胫跗关节前达眼或略超过，左右跟部重叠；外侧蹠间具蹼；关节下瘤及外蹠突小，内蹠突大。

头部皮肤光滑；背侧褶较窄而清晰，自眼后角直达胯部；背部及体侧有较显著的疣粒；雄蛙体侧肩部上方有一大而扁平的厚腺体；有内跗褶。腹面皮肤一般光滑。

雄蛙有一对咽侧下外声囊，声囊孔长裂形；有雄性线；体侧肩上方具扁平大腺体。

生活时背面橄榄绿色或略显黄色，背正中常有或宽或窄的浅色脊线；背斑变异颇大，有分散黑斑，

滇　蛙

一般都在疣粒上，或在脊线的两侧相连成显著的黑纹；上颌缘、颞褶、背侧褶有浅绿黄色线纹；头侧及浅色背侧褶下方棕褐色，体侧深色斑点较多；后肢横纹清晰，股后缘斑纹不规则。腹面一般为浅绿黄色，无斑纹。

滇蛙生活在云贵高原1800米~2200米的农作区、水塘、水沟旁，一般多在水域边的草丛中，受惊扰立即跳入水中。繁殖季节4~6月，生殖季节昼夜鸣叫，5~6月间产卵，卵成小团并分散地附在坑塘植物的枝叶上。卵径1.5~2.0毫米，胶质膜4~5毫米，动物极黑褐色，植物极乳白色。蝌蚪体形肥壮，口较小。产区数量较多，能捕食大量害虫，应加以保护，还可用作实验动物。

高山蛙——生活在高原上

高山蛙是我国特有的高原蛙类资源之一。体形中等，体长39~58毫米。吻端圆，吻棱明显。无鼓膜，犁骨齿两小团。舌椭圆形，后端缺刻浅。

生活时背面浅棕色，有深棕色斑纹，多与纵行的小白刺相吻合，一条较宽的深棕色纹自吻端沿吻棱而至颞褶下方。沿上颌缘有深色纹。眼球上半部浅蓝色，下半部棕色。

高山蛙数量多，能捕食大量害虫，对消灭高原地区的农牧业害虫有一定的作用。目前，仅产于我国西藏的东部和南部，国外见于尼泊尔西北部。在海拔2850米~4700米的山谷溪沟和积水洼地都可见到，较耐旱，常钻入松土中，在溪沟或引灌后的洼地可见卵和蝌蚪。6~7月间产卵，动物极棕褐色，植物极乳黄色，成束附着于水草上。

知识点

云贵高原

云贵高原位于我国西南部，西起横断山脉，北邻四川盆地，东到湖南省雪峰山，包括云南省东部，贵州全省，广西壮族自治区西北部和四川、湖北、湖南等省边境，是我国南北走向和东北-西南走向两组山脉的交汇处，地势西北高，东南低，海拔1000~2000米，是中国的第四大高原。

▶▶▶ **延伸阅读**

湖蛙——新疆伊犁的主要蛙类

湖蛙是一种大型水栖蛙，吻尖，吻棱不显著；鼓膜大而明显；犁骨齿两小团，位于两内鼻孔之间；舌宽厚，梨形，后端缺刻较大。

前肢短，指末端尖，指侧缘膜窄；关节下瘤明显；后肢适中，胫跗关节前达眼与鼻孔之间，左右跟部略重叠；趾末端略尖，内蹠突略突出，小而窄长，无游离刃，外蹠突很小。

雄性第一指基部背面有灰色婚垫；有雄性线，有一对咽侧外声囊。

背面皮肤较粗糙，头部较光滑；颞褶细，眼后沿体侧至胯部有粗厚的背侧褶，褶间距较窄；背部满布小圆疣；唇缘光滑；颌腺长大；体侧有细疣，肛周及股后痣粒密集；前肢背面光滑，后肢背面疣粒分散，在腿部排成行；内外二跗褶显著。

生活时背面橄榄绿色，背部有深棕色近圆形大斑，吻至肛部脊线显著；唇缘色浅，有浅褐色云斑；前肢有不规则斑纹，股、胫、跗、趾各有3条深色横纹。腹面灰白色、咽喉部散有细云斑。

5月是湖蛙的繁殖季节，水温10℃~17℃，为最适合产卵的温度。产卵常在雨后天晴时进行，多在上午8点~11点时产卵，卵一般产在有水生植物的浅水处。一只雌蛙不是一次将卵连续排完，而是断续排卵约需2~3小时，而且要移动几个地方产卵。湖蛙的蝌蚪体呈梨形，口部小，角质颌弱，下唇乳突一排，口角部副突多，尾部深色小斑纹密集。

湖蛙在新疆伊犁地区数量很多，是当地的主要蛙类。主要栖息在沼泽、河滩以及农田、草地等静水环境内。一般植被较为繁茂，多生长有香蒲、芦苇、莎草、婆婆纳等多种植物，水中还有丰富的轮藻、水绵和浮游生物。多数水域水质清澈透明。湖蛙多以昆虫、蜘蛛、甲壳纲等动物为食，还捕食蝌蚪和鱼苗。

形形色色的"青蛙王子"

弹琴蛙——出色的琴技

在我国四川省峨眉山里有一种珍奇的蛙，人们称它为"弹琴蛙"。每当盛夏，它在草滩水草间，用泥巴建成一个小罐子，上边开一个圆形小洞，钻在里边鸣叫，发出如鼓如瑟、音调十分悦耳的鸣声，这便是弹琴蛙自己制作的"共鸣箱"。

当它离开共鸣箱后，鸣声就不一样了。如果有一只蛙声音很大地鸣叫一声，周围几十只蛙便一齐跟着叫起来，过一会儿，又有一只大叫一声，群蛙共鸣立即戛然而止，如此重复不断，就好像乐队按指挥的手势在演奏有节奏的乐曲一样。

弹琴蛙个子不大，体长平均45毫米（雄蛙）及47毫米（雌蛙）。头部扁平，体较肥硕；吻棱明显；鼓膜大；犁骨齿两短斜行；舌后端缺刻深。指细长而略扁，指端略膨大成吸盘，有马蹄形横沟，关节下瘤大而明显；有指基下瘤；掌突3个，后肢较肥硕，胫跗关节前达鼻孔或吻端；趾端吸盘的马蹄形横沟较明显；趾细长；趾间半蹼，第一

弹 琴 蛙

及第五指游离侧缘膜显著；外侧蹠间具蹼；关节下瘤较小；内蹠突大而窄长，外蹠突小而圆。

皮肤较光滑，背侧褶显著，自眼后直达胯部，后段不连续，间距宽；背部后端有少许扁平疣；背后部、体侧及四肢背面有小白疣，在股胫部排列成纵行；内跗褶显著。腹面光滑，肛周围有扁平疣。

生活时背面灰棕色或蓝绿色，一般有黑色斑点，背侧褶色浅，两眼间至肛上方多有浅色脊线，头侧沿背侧褶下方为深棕色；体侧浅灰散有棕色斑；沿上

唇一般有一条浅色纹；体后疣粒部位常有黑色小圆斑。

雄蛙会发出"登、登、登"的声音，清脆悦耳，像电子琴在演奏"1、3、5"的乐曲声，所以人们就叫它弹琴蛙。弹琴蛙有自己的共鸣箱，这是它用泥巴在水草间筑成的，上方有一个圆形小洞，蛙在里面鸣叫便会发出动听的琴声。

弹琴蛙雌雄成对地在泥窝里产卵。一层特别厚的胶质膜，把这些卵连成一片，蛙卵就在厚膜的保护下正常发育。大雨倾盆时，已孵出或将孵出的小蝌蚪，被雨水冲到附近的水塘里，开始新的生活。

成蛙分布在四川、贵州、安徽、浙江、江西、湖南、广东、广西、海南、台湾等地。栖息于海拔 1800 米以下的山区梯田、沼泽水草地、静水水塘及其附近地方。白天隐匿于石缝里，夜间出外摄食，有的守在洞口不停地鸣叫，有的在岸边草丛或水生植物上，鸣声低沉，"咕、咕、咕"，有时汇成一片；一个石缝里常只有一只蛙叫，鸣叫时整个咽喉部鼓胀。

4～5 月可采到浮于水面而成片的弹琴蛙的卵，它们也会作成浅泥窝，产下的卵在窝内铺成单层。由于弹琴蛙多生活于农作区及其附近，对消灭农田害虫具有重要作用。

黑斑蛙——我国分布最广

黑斑蛙就是我们平常说的青蛙，又叫三道眉、田鸡，是在我国分布最广的蛙。蛙体较大，体长可达 8 厘米，头宽扁，吻棱不显，眼圆而突出，鼓膜明显；犁骨齿两小团，左右不相遇；前肢短；指端钝尖，指侧有窄缘膜；关节下瘤明显。后肢较短而肥硕，胫跗关节前达眼部，左右跟部仅相遇或不相遇；趾间几为全蹼，第五趾外侧缘膜明显；外侧蹠间蹼几乎达蹠基部；关节下瘤小而明显；内蹠突窄长，有游离的刀状突，外蹠突小。雄蛙鸣叫时颈两侧的外声囊膨胀为球状。

皮肤不光滑；背面有一对背侧褶；两背侧褶间有 4～6 行不规则的短肤褶，颞褶不十分明显，口角后端的颌腺发达。腹面皮肤光滑。雄性有一对颈侧外声囊；第一指基部有婚垫，上有细小的白疣；有雄性线。

生活时颜色变异很大；背面为黄绿或深绿或带灰棕色，有不规则的黑斑，背中央有全无黑斑的；背侧各有一条金黄色或浅棕色褶，其间有 4～6 行不规则的短肤褶；吻端到肛部常有一条浅色窄的纵脊线；自吻端沿吻棱到颞褶的黑纹清晰；背侧褶处色较浅为金黄或浅棕色；四肢背面有黑色横斑；腹面是白色。

黑斑蛙是我国常见的蛙类之一，主要栖息在稻田、池塘、水渠和小河附近。白天隐匿在农作物、草丛或水生植物之间，夜间活跃，昼夜均能觅食，但以夜间为主。春季期间，当温度在 10℃ 以上时，从

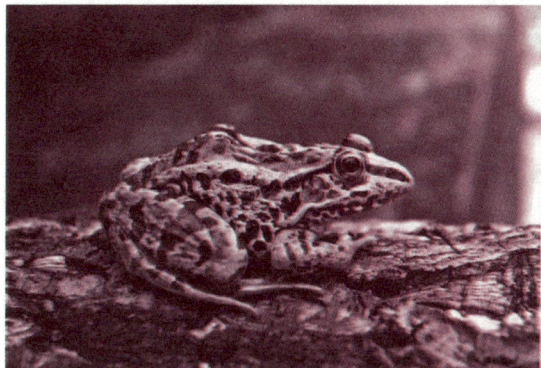

黑 斑 蛙

冬眠中苏醒。出蛰时间各地区随当地气温而异，一般在 3 月下旬出蛰。

夏秋是黑斑蛙活动的盛期，栖息于池塘、水沟或小河的岸边草丛中，捕食昆虫，对农业有益。一般在 11 月冬眠。当气温下降到 15℃ 左右时，它们就逐渐停止摄食，多选择土质松软而向阳的河塘、田埂、水渠岸边，用后肢掘土将身体埋于泥土内冬眠，也有在河底的烂泥中或田间杂物堆下越冬的情况，越冬期 5 个月左右。次年 3 月中旬出蛰，4~7 月为生殖季节，卵产在秧田、早稻田或其他静水域中。每一卵块的卵多达几千粒，常浮于水面。蝌蚪体笨重，尾鳍发达，经两个多月完成变态。

黑斑蛙广泛分布于我国南北地区，数量很多，如黑龙江、吉林、辽宁、河北、山东、河南、陕西、内蒙古、宁夏、甘肃、青海、四川、云南、贵州、湖北、安徽、江苏、浙江、江西、湖南、福建、广东、广西等地，国外分布于日本、朝鲜和俄罗斯。成体和卵常被用作教学和实验材料，亦可作药用。

棘腹蛙——可食用

棘腹蛙又叫石坑、石蛙、梆梆鱼、石蹦，体大而肥壮，体长 97~110 毫米，雄蛙稍大。吻端圆，吻棱不显；鼓膜不显著而鼓环尚清晰；犁骨齿二短行；舌后端缺刻深。指端圆，指侧有缘膜，关节下瘤显著。后肢肥硕而强壮，胫跗关节前达眼部；趾端膨大成圆球状；趾间全蹼，第一及第五趾的游离侧均有缘膜；关节下瘤发达；内蹠突细长，无外蹠突。雄性前肢特别粗壮。

它们的皮肤较粗糙。背面有若干成行排列的窄长疣，胸腹部满布大小黑刺

棘腹蛙

疣。成体背面多为土棕色或浅酱色。上下颌有显著的深棕色或黑色纵纹。两眼间常有一黑横纹。背部有不规则的黑斑。四肢背面有黑色横纹。咽喉部棕色花斑较多。瞳孔菱形，深酱色。雌性腹面皮肤光滑。

国内的棘腹蛙分布于四川、云南、贵州、湖北、湖南、江西、广西、甘肃、陕西等地。它们主要生活在水流平缓的小山溪里或静水塘内。白天匿居溪底之石块下或洞内，夜晚才开始出穴活动，有的蹲在岸边的石块上，有的匍匐在溪边水较浅的泥滩上，仅将头露于水面。当晚上天气闷热时，则离开水域较远，出来活动的数量也较多；当晚上天气凉爽时，则在就近水边活动，天气稍冷又有微风的夜晚，一般都不出来活动。

夏季夜晚常能听到"梆一梆"的鸣声，有时在白天小雨时也偶尔可听到它们的鸣声。5~8月是产卵季节，它们把卵一般产在小山瀑布下水坑内，粘附在石下或植物的根上，偶尔也在大山溪旁的石下或泉水。卵大，卵在胶膜内成串悬挂在水中。蝌蚪一般分散生活于小山溪水坑内。

棘腹蛙体形肥大，肌肉丰满，大者可达260~500克，肉质细嫩，味鲜美，是我国的大型食用蛙类。民间常常捕为食用或药用，其主要功效是滋补壮体，主治小儿虚瘦、疳积、病后及产后虚弱等症。

另外，棘腹蛙广布于林区的山溪内，能大量捕食昆虫，以害虫为主，如金龟子、蝗虫等。它们的食量很大，在消灭森林害虫方面有较大的作用。由于棘腹蛙身体肥硕，分布广，数量多，容易捕捉，民间早已捕为食用，深受人们欢迎。有的地区一夜之间可捕5~10千克，经济效益较大，因此目前已有一些地区开始人工养殖，以恢复自然资源和维持生态平衡，并能创造巨大的经济效益。

棘胸蛙——胸部长"刺"

棘胸蛙又叫石磷、高坑子、石蛤蟆、石虾蟆、山鸡、山蚂蜴、山蛙、石板蛙。其体形与棘腹蛙相似，但雄性棘胸蛙的胸部有分散的大黑刺。棘胸蛙的前肢较短，指端圆，第二及第三指内侧缘膜清晰，关节下瘤显著，近球形；内掌突大卵圆形，外掌突窄长，不甚显著。后肢肥大，胫跗关节达眼部，趾端球状，第一及第五趾游离侧缘膜发达，趾全蹼；关节下瘤显著；内蹠突窄长，跗褶清晰。

皮肤较粗糙，雄蛙背部有长短不一的长形疣，断续排列成行，其间有许多小圆疣或痣粒，一般疣上有小黑刺，头部、体侧及四肢背面有小圆疣，其上有细小黑刺；雌雄背面有稀疏小圆刺疣；两眼间有横肤棱；颞褶显著；雄蛙胸部有大小肉质疣，肉质疣可分布到咽喉部，每疣上有一枚小黑刺；雌蛙腹面光滑。

棘胸蛙

生活时背面黑棕色；两眼间有深色横纹；自吻端自颞褶腹侧有一条深纵纹。四肢背面黑褐色横纹直达指、趾端。

棘胸蛙成体栖息于近山溪岩边，白昼多隐蔽于石缝或石洞中，晚间蹲在岩石上或石块间，不怕光。产卵季节 5 ~ 9 月，卵群以 7 ~ 12 个卵构成葡萄状卵串。

国内的棘胸蛙分布在云南、贵州、湖北、安徽、江苏、浙江、江西、湖南、福建、广东和广西等省（区）。由于体大肉肥，肉质鲜美，以往出口外销。因能捕食鳞翅目、直翅目和膜翅目等多种害虫，对农业有益，应提倡保护，不可乱捕滥捉。棘胸蛙若作药用可滋补小儿痨瘦及治疗疳积，病后虚弱等。

隆肛蛙——肛部隆起

隆肛蛙成体较大，雄蛙平均体长 82 毫米，雌蛙 90 毫米，扁平。吻圆突出于下颌缘，吻棱明显。颊部向外倾斜。舌大，后端缺刻深。皮肤粗糙。吻端、头顶及背前端较为光滑；头侧、背后端和体侧满布疣粒或小白刺。雄性背部后

隆肛蛙

端肛部周围皮肤光滑，呈囊状泡起，极大而显著，略成方形，故得名"隆肛蛙"。生活时背面橄榄绿黄色。体侧棕黄有深色云斑。四肢具横纹，而股胫部各有 6 条。臂、股、胫及腹面为鲜黄色。

成蛙与蝌蚪生活在水不太深的山溪内。成蛙白天匿居溪底石洞或石块下。4 月间发现雌蛙在石下产卵。早期蝌蚪为紫黑色，上有细绿点，尾鳍色浅。国内分布于陕西、河南、山东、甘肃、四川、湖北、安徽，捕食农林害虫，应对其加以保护。

大头蛙——大而扁的头

大头蛙体形较大，雄蛙体长 79 毫米，雌蛙 66 毫米。头极大，雄性尤甚，头呈扁平状，头宽略大于头长。吻长突出于下颌，吻端钝圆，吻棱不明显；外鼻孔不在吻端，朝向上方；眼小；鼓膜不明显。颊部向外倾斜。舌较小，后端缺刻深。犁骨齿为二斜行。雄性个体大，头大，第一及第二指上有深灰色婚垫；下颌有两个强大的齿状突。

前肢短，指短而细，末端膨大成球状；关节下瘤明显；后肢短而粗，胫跗关节仅达口后角，左右跟部不相遇，趾端膨大成球状，趾间全蹼，无外蹠突。

体背及两侧皮肤较光滑，有少量疣粒。颞褶显著，无背侧褶。肛部及胫部疣粒多。腹面皮肤光滑。生活时体灰棕色，两眼间有深色横纹，上下颌缘有黑色纵纹，四肢有黑色横纹，体侧及胯部有浅黄色斑

大头蛙

纹；咽部具深棕色斑点，腹面白色。

大头蛙栖息在海拔300米～500米的山涧、沟旁草丛中。受惊后潜入水底泥沙，身体在泥沙中左右快速转动，将水搅浑，同时身体后退，埋入泥沙中，仅露出双眼和外鼻孔。

每年产卵1～3批，5～8月分批产卵，每次产卵30～50枚，卵产于静水沟或坑塘内，散生。国内分布在安徽、浙江、江西、福建、广东、云南、台湾、海南。国外分布于东南亚。

泽蛙——捕虫能手

泽蛙又叫泽陆蛙、乌蟆、狗屎田鸡、泥疙瘩、干克马、虫蟆仔、施尿蜴。成体全长40毫米～55毫米，雄蛙略小。吻棱圆，有鼓膜；犁骨齿为两团；舌后端缺刻深。指端钝尖；关节下瘤及掌突发达。后肢较短，胫跗关节前达眼部附近，趾端钝尖；关节下瘤小而突出；内蹠突窄长，外蹠突小。

背部皮肤有许多不规则、分散排列的长短不一的纵肤褶，褶间散有小疣粒，无背侧褶；体侧及体后端疣粒圆而清晰；后肢背面也有小疣；颞褶明显。

泽 蛙

生活时颜色变异大，背面灰橄榄色或深灰色，有时杂以赭红色或深绿色斑纹显著，上下颌缘有6条～8条纵纹，两眼之间有横斑；背后端有"∧"形纹或横纹；四肢有横纹。生活时蝌蚪背面橄榄绿色，有棕褐色麻点，沿着尾鳍的上下缘有显著斑点，尾肌上有许多棕斑；腹部无斑纹。

泽蛙的冬眠期长短随产地而有所不同。繁殖季节则很长，是一年多次产卵的蛙类。每年4月中旬至5月中旬、7月至8月上旬为产卵高峰，9月内产卵者很少。产卵期长为5～6个月。

泽蛙只在静水中产卵，一般要求水深5～15厘米，以刚翻耕的稻田和大雨后的临时水坑内产卵最多。卵和蝌蚪对高温有较强的耐受力，在水温28℃～

43℃时尚能生存，常温下由卵至幼蛙约需 30～40 天之久。

泽蛙是我国南方的常见蛙类，分布广，从沿海平原、丘陵至山区都能见到它们的踪迹。它们的适应性强，生活在稻田、沼泽、水沟、菜园、旱地及草丛，但主要栖息在稻田区及其附近，极为常见。大多夜间活动，凌晨前和黄昏后为觅食高峰。这类蛙数量多，能大量捕食农作物的害虫。国内分布在山东、河南、陕西、甘肃、西藏、四川、云南、贵州及长江流域以南地区，台湾和海南也有分布。国外分布于泰国、缅甸、尼泊尔、印度、马来半岛、菲律宾、斯里兰卡及日本南部。

泽蛙除防治害虫外，它的肉、皮、脑、肝胆以及蝌蚪均可药用。在夏秋季捕捉成蛙洗净，分别鲜用或烘干备用。其肉有清热解毒，健脾消积之功效，主治痈肿、热疖、口疮、瘰疬、泻痢、疳积等症。皮能清热止痛、主治疮疖。肝可消肿止痛、清热解毒，主治毒蛇咬伤、白屑疮、疔疮等症。胆有清热利咽功效，可治小儿失音不语。脑可治青盲症。蝌蚪治疗热毒疮肿等。

海蛙——爱吃螃蟹

海蛙生活在近海边的咸水或半咸水地区，其活动范围一般不超出咸水环境50～100 米之外，故称"海蛙"。由于它主要以蟹类为食，又名食蟹蛙。

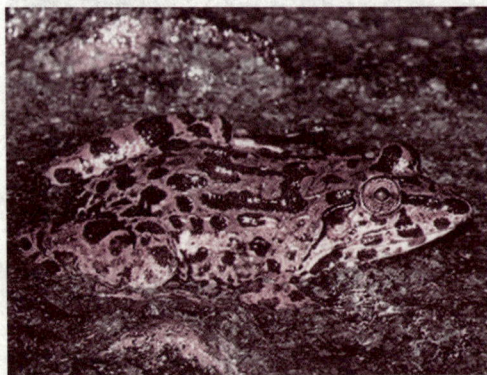

食蟹蛙

海蛙体长 60～78 毫米。吻端钝尖，吻棱圆，不很显著；两眼前角之间有一白痣粒；鼓膜大而明显；犁骨齿极强，下颌前无齿突；舌后端缺刻深。

前肢较短；关节下瘤显著，有掌突但不甚明显。后肢粗壮而短，胫跗关节前达眼后或鼓膜，左右跟部相重叠或相遇；趾末端尖圆；趾间全蹼，但缺刻较深；关节下瘤比指上的小；内蹠突长而侧扁，有游离刃，无外蹠突；有跗褶。雄性第一指上黄白色婚垫很发达，有一对咽侧下有外声囊，有雄性线。

　　背面皮肤较粗糙；从上眼睑后方向背侧有一纵行不连续的肤棱，其间和体侧有长短不一的肤棱4~8条，在肤棱上有小白刺粒，一条明显的颞褶从眼后角经过鼓膜上方，向下弯至肩部；上唇后部有一条肤棱向下到口角后几与颞褶相遇；背后部、肛周围、后肢背面散有细小疣粒。腹面皮肤光滑。

　　生活时颜色变异较大，深浅有所不同，一般背面褐黄色，背面及体侧有黑褐色斑纹，上下唇缘有6~8条深色纵纹；两眼间有"∧"形斑；背面前肢肩部"W"形斑显著，后面还有一个或明或暗的"∧"形斑；雄蛙咽喉部两侧为黑灰色，雌蛙咽喉部为细网状斑纹。腹面为浅黄白色。

　　海蛙在国内分布于台湾、广东、澳门、海南、广西；在国外分布于菲律宾、中南半岛、印度尼西亚及东帝汶。生活在近海边的咸水或半咸水地区，主要以蟹类为食，白天多隐蔽在洞穴或红树林根系之间，傍晚到海滩觅食。

绿臭蛙——发出臭味

　　绿臭蛙的皮肤的分泌物具有强烈的刺激性臭味，并且它是绿色的，因此叫做绿臭蛙。它的头顶扁平，头长略大于头宽。吻端印圆而略尖，突出于下颌，吻棱明显。颊部向外倾斜。颊部凹陷、鼓膜大、犁骨齿较强，为两斜行于内鼻孔之间，呈倒"八"字形。舌为长犁形，后端缺刻深。

　　绿臭蛙的皮肤光滑。头、体背部有不规则的细线纹，体侧有扁平疣。口角附近有2~3个淡色颌腺。前肢细长，前臂及手长不

绿臭蛙

到体长之半，指端有吸盘。后肢长，趾端有吸盘，趾间全蹼。生活时背部绿色，间以棕褐色斑。颌缘及体侧为黄绿色，有棕黑色斑点。鼓膜淡棕色。

　　绿臭蛙通常生活在海拔200~1500米的山溪附近，常在有苔藓植物的岩石上，受惊后潜入深水石下。繁殖季节在5~7月，蝌蚪生活在山溪流水中。国内见于甘肃、四川、湖北、贵州。

知识点

犁骨齿

两栖类口腔腭部的犁骨上着生的小齿，许多小齿排列呈一定的形状，为两栖类分类的依据之一。某些两栖纲动物（如蛙、蝾螈等），在内鼻孔附近的部位，有一对犁骨（锄骨），大多数种类的犁骨腹面有一排或两簇细齿，多呈圆锥形，称为犁骨齿或锄骨齿。捕食时，犁骨齿仅起到防止捕获物（昆虫）从口中溜滑逃跑的作用，并无咀嚼功能。犁骨齿的形状、位置和排列方式，因动物的种类不同而有变化。

延伸阅读

科罗澳拟蟾——色彩艳丽

科罗澳拟蟾分布在大洋洲澳大利亚东南部新南威尔士山区的水苔沼泽地带，其英文名称是 Corroboree，本意是指澳大利亚土著人在庆祝胜利时举行的舞蹈晚会或狂欢会，而科罗博里拟蟾的色彩与部落晚会上涂在身上的花纹相似，这种蟾也因此得名。

科罗博里拟蟾体形小，体长约 3 厘米。头部、体背和四肢主要呈黄色，身上满布黑色条纹或斑纹，这是一种色彩艳丽的地栖蛙。通常生活在潮湿岩下和草地，或利用其他动物的洞穴作为隐蔽所。

它们不在水中产卵，在初冬枯水期，雄蟾从它栖息的地方出来用叫声吸引雌蟾交配。而后雌蟾把卵产在洞内，每次产 12 枚，卵的外层被泡沫包裹。卵在洞中发育，等待雨季来临且洞内被水淹浸或卵块被冲到近水的水湾及水潭时，蝌蚪迅即开始孵化出来。

各种湍蛙

崇安湍蛙——吃害虫的功臣

崇安湍蛙体形中等，雄蛙 34～39 毫米，雌蛙 44～54 毫米。头扁平，头长大于头宽；吻短，吻长略短于眼径。有背侧褶，背面无斑纹或不明显。第一指无马蹄形横沟，有犁骨齿在内鼻孔之间向后方中线倾斜。指较长，各指均有吸盘及横沟；关节下瘤显著，有指基下瘤。后肢细长，胫跗关节前达吻或吻眼之间；趾端有吸盘及横沟，第四趾蹼达第三关节下瘤，其余各趾为全蹼，第一及第三趾游离缘膜显著；内蹠突椭圆形，无外蹠突或不显。雄蛙前臂较粗，第一指基部婚垫，有一对咽侧下外声囊，声囊孔大圆形，有雄性线。崇安湍蛙的皮肤较光滑，背面满布极小的痣粒，体侧较少；颞褶极不明显；背侧褶平直。腹面光滑。

生活时背部橄榄绿色或灰棕色或棕红色，有不规则的深色小斑；体侧绿色；咽喉部及胸部有深色云斑，沿上唇缘达肩部有一条乳黄色线纹；四肢背面棕褐色，有规则的深色横纹。腹侧乳黄色，有浅棕色云斑。

生活时蝌蚪体背面棕色或深灰色，尾橄榄绿色或深灰色，尾鳍上有细线纹。

崇安湍蛙

崇安湍蛙仅分布于我国陕西、甘肃、四川、云南、贵州、湖南、福建、广西。食物几乎全为森林害虫。栖息于海拔 700 米～1300 米的溪水清澈、森林茂密地区，多生活在森林草地。繁殖时期在溪内抱对产卵。7～8 月为主要产卵期，卵块椭圆形，中央薄而四周厚，卵白色，每块卵数 400 粒左右，卵外有卵膜 2 层。蝌蚪背面深棕、深灰色，尾橄榄绿色。

四川湍蛙——涨水气蟆

四川湍蛙的前肢长；指细长，第一指吸盘小，无横沟，其他各指均有大吸盘及横沟；关节下瘤极发达，有指基下瘤，掌突不甚清晰。后肢细长，胫跗关节前达鼻孔或超过，左右跟部重叠较多；趾端均有吸盘及横沟，第四趾侧缘膜极发达，其余各趾为全蹼，第一及第五趾游离侧具缘膜；关节下瘤极清晰；内蹠突小，卵圆形，无外蹠突。雄性前臂略粗壮，第一指基部婚垫发达；无声囊，无雄性线。皮肤光滑；颞褶肥厚，头侧、体侧及肛周围有少数疣粒。

四川湍蛙

生活时体色变异颇大，一般头体背面呈现绿色或蓝色，杂以不规则的棕色斑，有的棕色斑上有分散的小黑点，体侧及四肢背面绿色或蓝色上有不规则的深色花斑；有的背面为棕褐色，散有绿色大斑，四肢背面绿色具不规则黑褐色花斑。咽喉部及胸部均为灰黑色，有浅色云斑或为一致白色，腹部及四肢腹面为乳黄色，蹼为橘黄色。

四川湍蛙主要分布在甘肃、四川、云南等省（区）。成体居于有小瀑布或急流的山溪内，大雨前后大量出现。夜间多栖于瀑布岸边石上，易于捕捉。产卵季节约4~7月。蝌蚪栖于石缝内或石下，在大河边的石缝内也曾发现蝌蚪，大蝌蚪可借吸盘在急流内石上缓缓向前移动。蝌蚪出水孔位体左侧，有游离管；肛孔开口于肛游离管末端。口大，位头腹面，上唇缘口角处唇乳突整齐；下唇缘宽有唇乳突一排；有副突；上唇齿第一排弱，位于唇缘上；角质颌适中；腹后左右各有一个黄色腺体。

华南湍蛙——我国特有

华南湍蛙的头扁平；鼓膜小而清晰，有的则不显著；犁骨齿强，在内鼻孔内侧成二斜行；舌后缺刻大。指端均有吸盘及横沟；关节下瘤小而明显，第二及第三指的指基下瘤显著。后肢长，胫跗关节前达眼部或鼻孔，左右跟部重叠；趾均有大吸盘及横沟；趾间全蹼，第一及第五趾游离侧有缘膜；外侧蹠间蹼发达；关节下瘤明显；内蹠突卵圆形，无外蹠突。雄性略小；前肢粗壮，第一指基部上的乳黄色刺状突起均匀而显著，无声囊。皮肤粗糙，整个身体背面满布细小的痣粒，体侧大疣粒较多；口角后端有1个~2个明显的颌腺；颞褶平直斜达肩基部。腹部一般成颗粒状或有细皱纹。

生活时背面为棕绿色，满布不规则的深色斑纹；四肢具横纹；两眼前缘之间有一小白点；自吻端沿吻棱到颞褶有深色条纹。

5月间产卵，卵成片地粘贴在石块下。蝌蚪口位头下，口后有一大吸盘；不但能在流水中运动自如，且可吸附在急流内之石面上逆流移动；口大，无唇突出水孔位于左侧，游离管较长；肛孔位于中央；腹两侧有卵圆形腺体。

华南湍蛙

生活于大小山溪急流内或瀑布下或两岸的岩壁上，多在黄昏时外出，白日间或出现。此蛙扁平的身体，粗壮的后肢，大的指趾吸盘和发达的趾蹼等结构，是与山溪急流的生活习性相适应的；当此蛙隐藏在水内石隙处或石块间不动时，不易被发现。主要分布在四川、贵州、安徽、湖北、浙江、江西、湖南、福建、广东、广西等地。

武夷湍蛙——有香气

武夷湍蛙的前肢短；指短扁，指端有吸盘及横沟；掌突两个；后肢较长，胫关节达眼前部，左、右跟部略相重叠，趾吸盘略小于指吸盘，蹼均达吸盘基部，趾游离缘膜显著，内蹠突长圆形，无外蹠突。雄体前臂粗壮；有一对咽侧下内声囊；第一指基部有分散均匀的锥状黑色角质婚刺，个体较小的刺为棕色，无雄性线。皮肤粗糙，体背及后肢背面散有许多米色小疣粒；口角后方有两颌腺，颞褶宽厚；腹面有小的扁平疣，近腹部两侧及后部的疣更为显著。

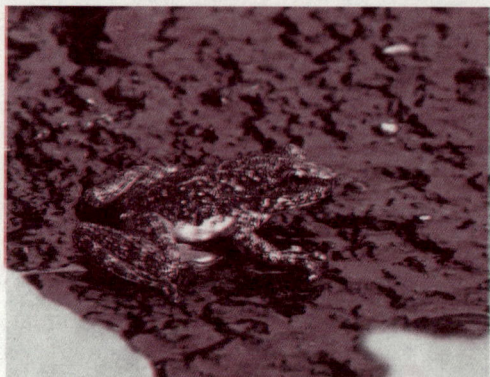

武夷湍蛙

武夷湍蛙主要分布在浙江、安徽、福建等省。生活时背面黄绿色或灰棕色，散有不规则的黑棕色大斑块；嘴角后的两个颌腺及体侧之圆疣略带金黄色；四肢背方有黑棕色横纹，股胫部各有3条，横纹间为紫灰色，股后方为细碎云斑；咽、胸部有许多灰黑色云斑。

5～6月为繁殖季节。繁殖季节的夜间，雄蛙常在溪流边的石块上鸣叫，音调很高。成体生活于较宽的溪流内及附近草丛、石隙中，生活习性与华南湍蛙相似。皮肤有芳香气味，雄蛙更浓。

蝌蚪生活于溪流里，白天隐匿水中石下或石隙间，傍晚开始出来活动，蝌蚪角质颌发达，口后有一个大吸盘；眼后下方及腹部后侧方各有一对腺体，夜间多在溪边浅水处，靠口后的大吸盘在石块上缓缓移动，摄取石上的藻类。

知识点

吸 盘

动物的吸附器官，一般呈圆形、中间凹陷的盘状。吸盘有吸附、摄食和运动等功能。蚂蟥前端的口部周围和后端各有一个吸盘。

➤ 延伸阅读

湍蛙的主要特征

湍蛙是能吸附在溪流石上而不被水冲走的蛙，体长约5厘米。体形大多与湍流生活相适应，山区的湍急溪流中到处可见。体扁平，前面橄榄绿色，散布大型暗黑斑点；腹面呈肉垫状，用以附着于溪流中的石上。后肢细长，指、趾末端均有吸盘，趾间蹼发达。鼓膜不明显。雄蛙无声囊。

成蛙夜出活动，生活于山区溪流湍急处。有的会蹲在瀑布下的石头上。4～9月是它的繁殖季节，此期间可在大雨后或黄昏时发现大量的湍蛙，比较集中，大多数都在抱对；此后便很难见到。卵产在瀑布下的石隙间或贴在附着物上。卵乳白色，直径4毫米。蝌蚪吻部低圆，眼位于头背的上方，体扁圆，尾肌强，尾鳍低。蝌蚪腹面口后有一个马蹄形的大吸盘，用于吸附在溪流石上不致被水冲走；常常逆流缓缓前行。湍蛙分布于我国的华东、华南地区，以及西藏南部和海南岛等地。

各种浮蛙

尖舌浮蛙——浮于水面的尖舌蛙

尖舌浮蛙体小而肥硕。雄蛙体长22毫米，雌蛙31毫米。头小；吻短而略尖，无吻棱；鼻孔凸出，位于吻背部，鼻间距极窄；鼓膜不显而轮廓清晰；无犁骨齿；舌窄长，后端尖薄，故名为尖舌浮蛙。

前肢粗短；指端细尖，指侧有缘膜，关节下瘤显著；外掌突较小，球状突出。后肢短，胫跗关节达眼与前肢基部之间，左右跟部不相遇；跗褶与蹠突相连；趾端尖细；趾间满蹼，外侧趾间有蹼；趾外侧有肤棱；关节下瘤极小为深灰色；内外蹠突均显著，内蹠突较大且有挖掘锐刃。雄性体略小，有单咽下内声囊，近口角处有细长的声囊孔；雄性线显著。皮肤粗糙；

尖舌浮蛙

头、躯及四肢背面布满大小不等的刺疣。咽喉部及腹面有较大的光滑圆疣；颞褶斜向肩基部，枕部肤沟较明显；有跗瘤及跗褶。

颜色有变异，生活时背面为绿灰色或绿棕色，多数由鼻间至躯干后部有较宽之浅棕色脊线。背部及四肢上面有不规则的黑花斑，沿大腿后方有极显著的棕色纵纹。

尖舌浮蛙分布于我国云南、江西、福建、广东、海南、广西，国外分布在印度、孟加拉国、缅甸、马来半岛、印度尼西亚及越南。习居于较大的水坑内，平时漂浮水面，一遇惊扰即潜入水中，不易捕捉。鸣声"哇、哇"，声音较尖锐。蝌蚪体形细长，吻端尖圆而扁平，生活于水坑或稻田水内，平时在水底行动甚慢或不动，如受惊扰立即逃逸，很难再发现。蝌蚪出水孔位于左侧，短管状，角质颌强，无唇齿及唇乳突。

圆舌浮蛙——浮于水面的圆舌蛙

圆舌浮蛙体形小，雄蛙体长20毫米，雌蛙约26毫米。头小，长宽几乎相等。吻端钝圆，无吻棱，鼓膜较明显。无犁骨齿。舌窄长而后端圆，无缺刻。前肢粗壮，指端圆，指短，指间无蹼；后肢粗短，胯部浑圆而粗，趾端圆，略呈球状。背面皮肤粗糙，满布圆疣。背面浅棕色或绿色，散有黑色斑点。枕部有一横纹，体侧颜色较浅。四肢背面为菜黄色，上面布满黑点及条纹。腹部白色。

圆舌浮蛙在国内分布于云南、海南、广西，在国外分布于缅甸、越南、泰国和马来西亚。喜栖息在长满杂草的稻田边，山间洼地及小水塘。常隐蔽在草丛中鸣叫，鸣声小而尖。5～8月在海南岛均可见到蝌蚪。蝌蚪体尾细长，体背红灰色，尾鳍灰褐色。数量较多，以膜翅目昆虫，蚁类、蚊、蝇、蛆、多足类等为食。

圆舌浮蛙

知识点

膜翅目

　　膜翅目包括蜂、蚁类昆虫，属有翅亚纲、全变态类。全世界已知约 12 万种，中国已知 2300 余种，是昆虫纲中第三个大目、最高等的类群，广泛分布于世界各地，以热带、亚热带地区种类最多。膜翅目是昆虫纲中的一个目，它的名字来自于其膜一般都是透明的翅膀，它包括各种蜂和蚂蚁。膜翅目中的昆虫体长 0.1～65 毫米、翅展 0.2～120 毫米，是昆虫中最小的。

延伸阅读

浮蛙的主要特征

　　浮蛙是蛙科的一属，体形小，体长 20～30 毫米；头小，吻短；舌窄长，后端圆或尖，无缺刻；无犁骨齿；体和后肢肥壮，指、趾端尖出或钝圆，趾蹼发达。本属种类少，分布于亚洲南部。中国有尖舌浮蛙和圆舌浮蛙两种，分布于云南、江西、福建、广东和广西。成蛙多栖息在海拔 10～580 米的池塘、水坑、稻田或潺潺小溪中，夏日黄昏伏于草间或浮在水面鸣叫。卵小，蝌蚪形态较特殊，头扁平而细长，尾长为头长的 2.5 倍，上尾鳍前端隆起像鸡冠状的皱褶或平直；口小，角质颌强，无唇齿和唇乳突。

各种狭口蛙

花细狭口蛙——背有四条深色纵纹

　　花细狭口蛙体形细长，全长 32～40 毫米。吻突出，上颌无齿，有光滑的犁骨齿棱。口腔深处有两排锯齿状肤棱，横贯于咽上方。有前喙骨及锁骨。前肢较细；指端钝圆，关节下瘤发达，各指均有指基下瘤；掌突大。后肢短，胫跗关节前达肩部，左跟部不相遇，趾间无蹼；关节下瘤发达；有内外蹠突。雄蛙有单咽下外声囊，声囊孔长裂状；有雄性线。皮肤极粗糙，均密布疣粒；胸侧一般有 5~7 枚大圆疣；颞褶显著。背面棕色或略带灰色，体侧色深，背面的斑纹极为醒目，而且变异较大，一般背上有四条明显的深色纵纹。

花细狭口蛙

花细狭口蛙通常栖居在住宅附近的深草丛中，很少在水里。产卵季节在 3~9 月，卵产在小水坑中；卵深棕色，直径 1 毫米左右，卵外有三层胶质膜，外层的上端成扁平小胶质囊，卵成片漂浮于水面。早期蝌蚪与花狭口蛙很相似，仅体色为浅棕色。

花细狭口蛙的食物有蚂蚁、甲虫、蝗虫、象鼻虫、蜘蛛等，能消灭农林里的多种害虫。国内分布于云南、广东、海南、广西。国外见于印度、缅甸、马来半岛、泰国、越南、印度尼西亚和菲律宾群岛。

北方狭口蛙——挖土穴居

北方狭口蛙的前肢细长；无指基下瘤，关节下瘤及掌突发达。后肢粗短，胫跗关节前达肩后部，左右跟部相距远，趾端钝圆；除第四趾外，其余各趾均为半蹼；外侧趾间无蹼；关节下瘤不发达而蹠突极强，适应于掘土穴居。雄蛙有单咽下外声囊；咽喉部黑灰色；胸部有一显著的皮肤腺；雄性线极显著。北方狭口蛙皮肤较平滑而厚，有少

北方狭口蛙

数小疣，枕部有横肤沟；颞褶斜直。腹部平滑无疣；肛门周围有很多疣粒。

生活时颜色变异颇大；背面浅棕色和橄榄棕色；头后肩前常有浅桔色

"W"形波浪状的宽纹；背面及四肢上部常有不规则的黑色斑点；腹部浅紫肉色。

北方狭口蛙分布在黑龙江、吉林、辽宁、河北、山东、山西、陕西、湖北、江苏、浙江等省。喜居于房屋及水坑附近的草丛或土穴内；产卵季节以降雨的早迟而定，鸣声颇大。卵产于临时水坑内；卵单生，卵胶囊的上部较扁平而大，作为漂浮器使卵漂浮于水面。

云南小狭口蛙——体有金黄光泽

云南小狭口蛙体较小，雄蛙平均体长 33 毫米，雌蛙为 44 毫米，头小；吻短而圆，超出下颌。鼓膜不明显。犁骨齿极发达，上颌有齿。舌大，后端圆有缺刻。皮肤较平滑。背部沿体侧斜行的黑纹上有细长疣或痣粒；背中线及其两侧的深色斑纹部位有细长的疣。雌性腹面皮肤光滑。生活时背部土棕色。始自两眼睑有深棕色对称的三角斑；头后有"∧"形斑纹斜达胯部；头侧灰棕色。鼓膜色浅。四肢背面有横纹。腹面为灰白或浅棕色。

云南小狭口蛙

主要分布在我国四川、云南、贵州。5～6月雨后大量出来，也就是产卵季节。卵产于水塘边的水草上或水中植物的枝条上。卵成单行粘附在枝条上或呈片状。卵的动物极灰褐色，植物极灰白色。蝌蚪体背及尾肌微绿色，透明状，体侧及腹面有金黄光泽。

花狭口蛙——背有酱色三角斑纹

花狭口蛙又叫地牛，体长头小，约7厘米；口狭、吻突出；体肥硕；趾间仅基部具蹼；体背有"∧"形斑纹。指末端宽阔作平切状，如"丁"形，指长，关节下瘤发达；后肢短而肥壮，左右跟部相距远，趾间仅基部具蹼，关节下瘤发达；内蹠突斜置，游离刃强，外蹠突平置，两者不相遇。雄性体较大；具单咽下外声囊；胸腹部有厚皮肤腺。皮肤厚，较光滑；背面有小疣粒或圆疣；枕部肤沟明显；颏褶较清晰。腹面皮肤成皱纹状，其间有浅色疣粒。雄性咽喉部皮肤粗糙而黑。

花狭口蛙

生活时背部主要为棕色；自两眼中部开始，沿体侧至胯部，几乎包括整个背面为酱色的大三角斑；另外一条同样深的棕色宽纹从眼后角向后斜伸至腹侧，多少与中央大三角斑平行；两者之间为镶以黑线纹的浅棕黄色宽带，形成一大的"∧"形浅色斑。腹面浅棕黄色。

3～5月为产卵季节，此时蛙成群到临时的水坑内抱对产卵。卵小而分散，可浮于水面。蝌蚪的背面棕榄色，底栖习性，吞食浮游生物，发育迅速，大约三周即可完成变态。

花狭口蛙主要分布在云南、广东、广西、海南等省。常居于住宅周围的石下、土穴内、水坑或庭院、房屋附近草丛中、土穴内或石下，挖掘能力极强，以后肢跗蹠部间两侧拨开松泥，仅数秒钟即可将身体埋入土中。通常过隐蔽生活，以白蚁和小型昆虫为食。平时难见踪迹，夏季大雨时，可听到其低沉的鸣叫。

知识点

象鼻虫

象鼻虫是鞘翅目昆虫中最大的一科，也是昆虫王国中种类最多的一种，全世界已知的种类已达600多种之多，大多数种类都有翅，体长大致在0.1厘米到10厘米左右，其中"鼻子"占了身体的一半。不过可别把长型的口吻当成象鼻虫的鼻子，看似生于末端的并不是鼻子，而是它们用以嚼食食物的口器。当然除了口吻长外，触角生于吻基部也是此虫的特色之一。在国内，除谷象鼻虫、米象鼻虫之外，较重要的象鼻虫类害虫，有为害香蕉的香蕉假茎象鼻虫、球象鼻虫，为害甘蔗的蚁象鼻虫及为害竹笋的台湾大象鼻虫等。在国外，较著名的象鼻虫有危害棉花的棉花象鼻虫、危害针叶树的白松象鼻虫、危害谷物的谷象鼻虫。

延伸阅读

云南特有的刘氏小岩蛙

分布在云南的刘氏小岩蛙的吻钝圆，吻棱不显；鼓膜为眼径的2/3；舌大，前1/3处中央部位隆起呈乳突状。后端有浅缺刻；犁骨齿呈"\/"形。指具小吸盘，指间无蹼，指末端不扩大。胫跗关节前达鼻孔或吻端，左右跟部相遇；趾细长；外侧蹠间无蹼，趾侧缘膜窄；内蹠突发达且隆起很高，与内跗褶相连；无外蹠突。

刘氏小岩蛙生活于热带，通常在水面较宽、水流较缓的山溪中。生活时，瞳孔蓝黑色，虹彩浅灰棕色。背部与泥色相近，略带土黄色，眼间后缘有一弯曲横斑，背部小黑点甚多，"八"形肤棱呈黑色，颞褶下缘黑色带状纹显著，腹面肉黄色，咽喉部有碎黑点。雄性无声囊。

各种姬蛙

粗皮姬蛙——皮肤粗糙

粗皮姬蛙是一种皮肤粗糙的小型蛙，体小，头小，前肢细弱；关节下瘤发达；后肢粗壮，胫跗关节前达眼部，指趾端均有小吸盘，左右跟部重叠，趾侧有薄缘膜，基部相连成蹼；关节下瘤大，内外蹠突均发达。

它的皮肤粗糙，背面有小纵沟；背面疣粒多，脊中线疣较多成行排列，近中线者多成直行；两侧疣较大而圆；四肢上也有相同的疣；枕部有肤沟。雄蛙有单咽下外声囊，声囊孔长裂形；咽喉部色深；有雄性线。

粗皮姬蛙

生活时背部及四肢上面为灰色或菜灰色；背上有许多土红色小点，背部有醒目的黑酱色花纹，镶以浅黄色边缘。肩上方每侧各有一黑酱色斑点；四肢及指趾上均有黑酱色纹。

粗皮姬蛙分布在四川、云南、贵州、湖北、浙江、江西、湖南、福建、广东、海南、广西等地，多栖于山上近水地带或水沟边草间或稻田埂上。蝌蚪多在较大的水塘内，头及背部平扁，体很高；尾弱，尾鳍发达。

饰纹姬蛙——灭蚊能手

饰纹姬蛙体较小，全长 22～28 毫米。头小；吻端钝尖，突出于下颌，吻棱不明显；鼓膜不显；舌后端圆；无犁骨齿。前肢较细弱；关节下瘤显著；内掌突大；指、趾无吸盘；趾间仅有蹼迹；后肢粗短，胫跗关节前达肩部或肩前，左右跟部重叠，趾蹼不发达几近无蹼；有外蹠棱；关节下瘤极显著；内蹠突略大于外蹠突。雄性咽喉部黑色；有单咽下外声囊，声囊孔长裂形；雄性线显著。

饰纹姬蛙

皮肤上有许多小疣；腹面皮肤平滑。生活时背部粉灰色或灰棕色，有规则的对称斜行深棕色纹，主干是由两眼之间，经背部至胯部止，背部后上方主干色斑的变异颇大；体侧在长疣的下方色深。颞部斜肤沟灰白色；肛部有显著的"∩"形黑色斑；四肢上均有粗细不等的棕色横纹。雄蛙咽喉部黑色，雌蛙则满布深灰色小点；腹部及四肢下面为白色。

饰纹姬蛙生活在平原及丘陵地带水田的泥窝内或土块下，或在小水坑及近水边，或水域附近的草间；有时它们和粗皮姬蛙及花姬蛙生活在同一地区。6～8月产卵，但在热带地区3～4月产卵。卵成片浮在水面，动物极棕褐色，植物极乳白色。蝌蚪的头及背部平扁，体后部高，尾鳍发达。国内分布于河南、山西、甘肃、陕西以及长江流域及其以南诸省区；在国外见于克什米尔、印度、斯里兰卡和中南半岛等地区。主要捕食白蚁、叶甲虫、金龟子、叩头虫等，对防治蚁患有一定的作用。

卡罗姬蛙——叫时外声囊膨胀

卡罗姬蛙是一种小型蛙类，体长不超过3厘米。头小，口小、上颌无齿。皮肤较光滑，背部有分散的小疣粒。背面灰棕色，体侧有对称的深色斜花纹。四肢背面有横纹，腹面白色。鼓膜不明显；雄蛙有外声囊，鸣叫时膨胀呈泡状，鸣声"嘎一嘎一嘎"，音低沉。

5～8月是产卵期，卵通常呈片状排列，浮于水面。卵小，发育迅速，若水温适宜时，24小时即可孵出。蝌蚪20～30天完成变态，约9个月性成熟；体大尾弱，尾鳍发达；常在静水域的表面集群游泳，吞食浮游生物。蝌蚪无唇齿和角质颌，出水孔位于腹面中部，属于无角齿腹孔型。

卡罗姬蛙主要分布于印度、斯里兰卡及东南亚一带；中国产于山西、陕西至长江流域和以南地区。栖息于水田、水坑附近的泥窝、土穴、缝隙或草丛，多以白蚁、蚁和鞘翅目昆虫为食。

小弧斑姬蛙——肩部有弧形斑

小弧斑姬蛙比较小，体长17～24毫米，头小，指、趾末端有小吸盘及小纵沟。背腹皮肤较光滑，在背中央肩部有黑色小"（ ）"形斑，故得名小弧斑姬蛙。雄性具单咽下外声囊，有雄性线。

生活时，小弧斑姬蛙的背面呈粉灰色或土红色。由吻端至肛部有一米黄色细纵脊线；自吻端至体侧

小弧斑姬蛙

有黑色宽纹斜达胯部，四肢背面有黑棕色横纹。

小弧斑姬蛙生活在山区稻田附近的草丛中，5～6月产卵，此时在坑塘及沼泽地均可见到，鸣声很大。蝌蚪漂浮于沟塘表层，头与背部平扁，体高尾弱，尾鳍发达；背面草绿色，尾鳍略带肉色。

小弧斑姬蛙以白蚁及其他蚁类为食，也捕食鞘翅目和等翅目等昆虫。在我国分布于南方各省区。国外分布于印度、缅甸、马来半岛、泰国、老挝、柬埔寨、越南、印度尼西亚。

知识点

白　蚁

白蚁亦称虫尉，属节肢动物门，昆虫纲，等翅目，类似蚂蚁营社会性生活，其社会阶级为蚁后、蚁王、兵蚁、工蚁。白蚁与蚂蚁虽一般同称为蚁，但在分类地位上，白蚁属于较低级的半变态昆虫，蚂蚁则属于较高级的全变态昆虫。

▶▶ 延伸阅读

美丽的花姬蛙

花姬蛙体形虽然小，但在姬蛙类中还是较大的。雄蛙体长25毫米～28毫米，雌蛙31～34毫米。吻端钝尖，吻棱不明显。鼓膜不显。舌后端圆，无犁骨齿。前肢细弱，后肢粗壮。皮肤较平滑，散有少数痣粒。两眼后方有一横枕沟。雄性喉褶明显。腹面皮肤光滑。生活时颜色与花纹很美丽。背面粉棕色，缀有黑棕及浅棕花纹；背部由肩上方中央开始并向后延伸成"∧"形的黑棕色纹；股的前后方及胯部为柠檬黄或绿黄色。腹部白色且略带黄色。喜栖居在稻田附近的土窝或草丛。雄蛙鸣声很大，跳跃能力强。7～8月间产卵。捕食铁甲虫、蚂蚁和蝽象等。国内分布在甘肃、云南、贵州、湖北、江西、浙江、湖南、福建、广东、海南、广西。国外分布于泰国、柬埔寨和越南。

各种树蛙

陇川小树蛙——云南出产

陇川小树蛙是云南省一种常见的蛙，但它是非常小的，而且容易被忽视。雄性平均16.2毫米，雌性平均19.9毫米。头长宽基本相等，吻棱圆；鼓膜明显；无犁骨齿；舌呈犁形，后端缺刻深。指端均有吸盘及横沟；第一指吸盘小；指间无蹼；第一及第二指侧有缘膜，关节下瘤清晰。后肢细长，胫跗关节前伸达眼，但不超过眼前角；左右跟部相遇；趾吸盘略小于指吸盘；趾侧无缘膜；外侧蹠间无蹼，关节下瘤明显；内蹠突长椭圆形，无外蹠突。雄性第一指基部灰白色，婚垫显著，有雄性线；有单咽下外声囊，声囊孔长裂形。背部皮肤有稀疏小疣，颞褶明显，咽部皮肤光滑。

生活时，背面正中为浅黑色，隐约可见"×"形斑纹；眼间有黑褐色三角形斑；胯部黑斑显著。前肢有黑褐色横纹两道，后肢黑褐色横斑排列稀疏；指、趾吸盘橘红色，腹面灰蓝色。常生活于热带和亚热带河谷灌丛林中，常隐蔽于树叶背面，不易捕获。

陇川小树蛙

侧条跳树蛙——体侧有纵纹

侧条跳树蛙是跳树蛙属的一种，体形很小，又窄又长，不扁平；吻端钝尖，吻棱钝圆，颊面内陷；鼓膜紧接在眼后，不甚显著，而轮廓清晰；无犁骨齿；舌大，后端缺刻深。

指端均有吸盘及横沟，第一指吸盘略小；指扁；第三及第四指与第一及第二指形成相对握物状；指间基部均有蹼迹；关节下瘤显著，掌部有小疣。后肢细长；胫跗关节前达眼部，左右跟部重叠；趾端与指端同而吸盘略小；蹼发达，蹼缘的缺刻较大；关节下瘤小，内蹠突弱，无外蹠突。雄蛙体较小；第一指上有白色婚垫；有一对咽下内声囊，外面的皮肤较松，近似外声囊，声囊孔短裂形；有雄性线。皮肤光滑，上眼睑及背部有极细的痣粒，颞褶斜直。腹部及股下面有许多扁圆疣粒。

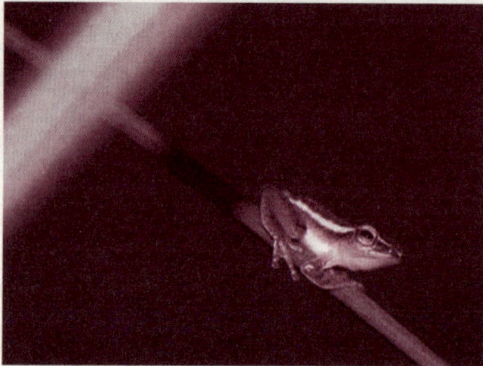

侧条跳树蛙

生活时背部颜色由深绿到灰黄色，满布均匀的棕色小细点；左右体侧由眼后方至胯部各有一条黄白色纵纹；自吻端沿吻棱至浅黄纹下方为深棕色纵纹；颌缘及体侧亮黄色。侧条跳树蛙鸣声极尖而高，但音节短促。7月产卵在芭蕉叶上，卵直径约1.5毫米，蝌蚪体细长。

侧条跳树蛙在国外分布于柬埔寨、印度、老挝、缅甸、泰国和越南，在我国见于福建、广西、海南、云南、西藏等地，常见于水塘附近的树叶上以及香蕉或芭蕉叶上，其生存的海拔为1300米。

广西疣斑树蛙——体表有疣粒

广西疣斑树蛙体形较扁平，吻圆而高，上方有两个突起的疣，鼻孔位于这对疣的外侧，故鼻孔极近吻端；吻棱明显；鼓膜大而明显；舌后端缺刻深；犁骨齿在内鼻孔的前内侧成两小团，左右间距极宽。

指端有大吸盘，第一指吸盘较小，指端的横沟将指分隔成背腹面，背面可见到"丫"形迹；指宽扁，外侧二指间有蹼迹；关节下瘤及外掌突明显，有指基下瘤。后肢细长，胫跗关节前达眼前角，趾端与指端同，吸盘较指吸盘小；外侧趾间蹼不甚发达；关节下瘤较小；内蹠突小，椭圆形，蹠部在第四趾的下面有三颗明显的疣粒。雄蛙第一指基部有乳白色婚垫；无声囊；背侧有雄性线。

皮肤极粗糙，整个身体的背面以及头侧满布大小疣粒；四肢上包括指、趾背面的大疣粒沿横纹排列；疣上有成簇的小痣粒；前臂及跗外侧至指、趾端，有向外突出成锯齿状的疣，在后肢上的更为清楚而明显；体侧的疣较低平；腹面咽喉部及前胸、前肢腹面疣粒较隆起，胸腹部及股腹面为扁平疣。

广西疣斑树蛙

生活时颜色极美丽。背面为鲜绿色，有三簇不规则的深色斑，深色斑处多少对称的大疣粒则为橘红色；体侧绿色较浅；四肢背面有橘红与绿色相间的横纹，在股胫部各有 3 条；肛部后及四肢远端外侧锯齿状疣为乳黄色。指、趾端吸盘背腹面为浅绿色。瞳孔近于菱形，虹彩黑色与黄绿色交织成细网状纹。广西疣斑树蛙分布于广西省，生活环境林木繁茂，十分阴暗潮湿。

大泛树蛙——蛙类的将军

大泛树蛙按产地有犁头蛙、青蛙将军、咕噜蟆、清明拐等名称，体形大，体长在 100 毫米以上，呈扁平细长状；鼻眼间吻棱棱角状，鼻孔近吻端；瞳孔为横椭圆形；鼓膜大而圆；犁骨齿强壮，位于内鼻孔内侧上方；舌后端缺刻深。

大泛树蛙

前肢粗壮；指端均有吸盘及横沟，指端腹面肉质垫清晰，背面可见"丫"形迹；指间蹼发达，但不为全蹼，蹼缘缺刻深，第一及第四指游离缘有缘膜；关节下瘤发达，内掌突椭圆形，外掌突小或不显著。

后肢长，胫跗关节达眼部或超过之，左右跟部不相遇或仅相遇；趾端与指端同，但吸盘较小；趾间全蹼；指趾间蹼厚色深，上有网状纹；外侧趾间蹼发达；第一及第五趾游离侧有缘膜；趾关节下瘤极发达，内蹠突小，无外蹠突。

胸部无疣但皮肤并不光滑，背面常有小刺粒；腹部及后肢股部下面密布较大的扁平疣；颞褶一般短而平直。

生活时体背面呈绿色，一般背上散有少数不规则的棕黄色斑点，沿体侧下方一般都有成行或为点状乳白色斑点。下颌及咽喉部前方及侧面为紫罗兰色，胸、腹部为灰白色。雄蛙体略小；吻端长而斜尖；指吸盘较大，第一及第二指基部内侧背面有浅灰色婚垫；有单咽下内声囊，声囊孔长裂形。

4月底至5月初是大泛树蛙集中产卵的时期，此后即比较分散。卵泡一般都产于田埂壁或水坑壁上，但也有产于树上的，产在树上者常用树叶将卵泡包裹着。卵在此卵泡中发育，经过5~6天，形成小蝌蚪，从液化的卵泡内跌落到水中。蝌蚪生活于净水池内，口角及下唇乳突均为两排，下唇中部微缺。

大泛树蛙主要分布在四川、贵州、安徽、浙江、江西、湖南、福建、广东、广西、海南等地。常栖居于山区溪流两岸的树林内或稻田水坑附近；有时匍匐在溪边的树梢上，有昆虫飞过，即跃而吞食。鸣声为"咕都咕"或"咕噜咕"连续颤动的弹音，音清脆而洪亮。

峨眉泛树蛙——住在峨眉山上

峨眉泛树蛙的体长为5~8厘米，很少有超过8厘米的。体形细长而扁；雄蛙吻端斜尖，显著地突出于下颌；雌蛙吻端较圆而高，略突出于下颌；吻棱棱角显著；鼻孔近吻端，鼓膜大而圆；犁骨齿粗壮，在内鼻孔内侧上方，左右不相遇；舌后端缺刻深。

指端均有吸盘及横沟，腹面的肉质垫极明显，背面可见到"丫"形迹；指间均有蹼，以外侧二指间的较为发达；关节下瘤极显著，并有成行的指基下瘤。

后肢细长，胫跗关节前达眼

峨眉泛树蛙

部，左右跟部相重叠；趾端与指端同，而吸盘较小；趾间全蹼；末端两指的趾骨节间有介间软骨，使它能够适应树栖生活；关节下瘤发达，一般有成行的趾基下瘤，内蹠突不发达，无外蹠突。皮肤粗糙，颞褶平直，向后延伸至前肢基部上方。腹面及股部下方密布扁平疣。

体色变异很大，生活时背面为草绿色，满布不规则的棕色斑，交织成粗网状纹；腹面乳白色，有时在咽喉、胸部、腹侧及四肢腹面有大小不同的黑点。

雄蛙体较小；吻端斜尖；指吸盘较小，第一及第二指基部背面内侧有乳白色婚垫；有单咽下内声囊，声囊孔长裂形。

4～5月间为繁殖季节，一般在雨后的傍晚时刻，拥抱着的雄雌树蛙爬上水坑旁的树上，选择垂向水上的枝条，有时也产在池旁草上。雌蛙产卵前先排出液体并搅拌成泡沫状，再将卵产于其中，雄蛙随即排出精液使之受精。反复多次，历时2～3小时，产卵后雄蛙离去，雌蛙用叶片将卵泡包起后也离开。卵泡呈乳白色，孵化期晚，孵化时泡沫液化，在卵胶囊中的墨黑色小蝌蚪可自由转动，当具有明显的外鳃时开始孵出。孵出后的小蝌蚪从叶片包着的卵泡内通过运动或雨水冲刷进入树下水塘，然后在此继续生长发育，完成变态。

峨眉泛树蛙生活在海拔900～2000米左右的山区。我国主要分布于四川、贵州、湖北、湖南等地区。

大树蛙——林中仙女

大树蛙是体形比较大的一种蛙，身体扁平细长，体长可达120毫米。指间蹼发达，不是全蹼，蹼缘缺刻较深。背面常有小刺粒，体背面呈绿色，背上常散有少数不规则的棕黄色斑点；体侧下方有成行或为点状的乳白色斑点。下颌及咽喉部为紫罗兰色，胸腹部为灰白色。雄蛙有单咽下内声囊。

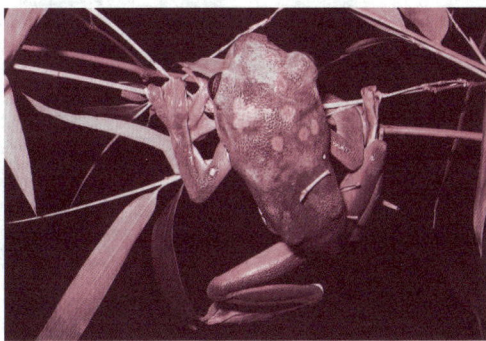

大树蛙

树蛙在旱季长眠，雨季活跃，白天睡在树枝上，晚上苏醒，发出一种短促的吹叫声，是大自然生物"合唱团"的活跃分子，而且边叫边在树上跳跃，玩耍嬉戏，或跳入水中轻游漫泳，动作轻柔而活泼，被誉为"林中仙女"。

大树蛙在国内分布于四川、贵州、安徽、浙江、江西、湖南、福建、广东、广西和海南；在国外分布于新加坡等东南亚地区以及墨西哥、巴拿马、危地马拉、尼加拉瓜等中美地区。

通常栖居于山区流溪两岸树林内或稻田坑塘附近，也趴伏在溪边树梢上捕食昆虫。产卵时间在4～5月，卵泡多产于田埂或坑塘壁上，也有产在树上，用树叶将卵泡包着。卵在卵泡中发育，约5～6天变成小蝌蚪，从液化卵泡内跌落到水中，卵数约2400～2800枚左右。

大树蛙能捕食多种害虫，特别是对乔木及竹子上的害虫都有防治作用。

斑腿树蛙——股后有网纹花斑

斑腿树蛙体形中等大，雄蛙体长平均45毫米，雌蛙平均61毫米。吻棱显著，颊面内陷。指吸盘大，第三指吸盘与鼓膜大小相等，外侧之间无蹼；趾吸盘较指吸盘小，趾间全蹼。雄蛙有咽侧下内声囊。皮肤平滑。背面浅棕色，散有黑棕色斑纹，背面有4条或6条纵纹，或前背有"X"形斑。由于四肢背面有棕黑色横纹和斑点，以及股后有网纹花斑而得名"斑腿树蛙"。

斑腿树蛙

斑腿树蛙生活在起伏不大的丘陵、山区的水边石缝中。在国内广泛分布于秦岭以南；在国外分布于中南半岛、马来半岛、菲律宾、印度、锡金、斯里兰卡。白天多隐蔽在田埂边草丛或石下，有时在树洞内或其他植物上。黄昏外出活动。声如击快板，成有节奏的"啪啪……"声。跳跃能力差，行动较迟缓。

繁殖季节为4～8月，雌蛙在抱对产卵的同时，还排出胶状物，并以后肢不停地将胶状物搅拌成白色泡沫状的卵泡，颜色逐渐由白转黄。雄蛙也在此时排出精液于卵泡上。卵泡黏性很强，大多粘附在草丛中、池塘壁、灌木上或高悬在树枝上。胚胎在卵泡内发育，孵化成蝌蚪后便脱离卵泡或与卵泡一并掉入水中。斑腿树蛙能捕食许多农林业害虫，并有药用价值。

黑蹼树蛙——会飞

黑蹼树蛙又叫做"飞蛙"，长约10厘米左右，是一种适应树栖的特别类型。体小而且极其扁平，胯部很细，指端均有大吸盘及横沟，吸盘在腹面有明显的肉质垫，周围有沟；指间满蹼，关节下瘤显著，除第一指外，其余均有成行小的指基下瘤。后肢细长，胫跗关节前达眼，左右跟部重叠；趾间满蹼；关节下瘤小而显著；内蹠突小，无外蹠突。雄性体较小；吻端斜尖；第一指上缘有一白色小圆婚垫；有单咽下内声囊。

背面皮肤平滑，可见到"丫"形斑纹；体侧、胸、腹部及股腹面满布小圆疣，颞褶细，在鼓膜上方作钝角状弯曲；前臂外侧有一宽而厚的肤褶，肘关节内侧皮膜明显；沿胫跗关节后方为方形肤褶，肛门后上方更有显著方形肤褶，肛门位于肤褶下方。

生活时背面绿色；体侧灰黑；散有无数乳黄斑点；腋部有一大黑点，体侧又有极细的灰黑色网纹；蹼大部分为黑色，近指、趾端为浅黄。

黑蹼树蛙生活于热带雨林气候山区密林内，以树栖生活为主。白天匍匐在阔叶树的叶片上或树洞中，很易捕捉。在国外分布于爪哇、苏门答腊、婆罗洲；在国内分布于云南、广西的热带雨林地区。

黑蹼树蛙在"飞"时，蹼和皮肤褶张开，并把腹部收缩成覆瓦状，来增加体表面积以借助空气的浮力在树枝间作长距离的滑翔。指、趾伸展时，蹼膜的面积约为20平方厘米，可滑翔飞行15米～20米，但只能从高处向低处滑翔。虽然不能说是飞翔，但它的优势在于能够捕捉到普通青蛙一跃捕捉不到的昆虫。

5～6月是黑蹼树蛙的繁殖季节，常在几场大雨之后聚集在下有水塘的树木枝叶上抱对产卵，有时多达数十或上百只，夜晚鸣声四起，发出"哇……咕"的响亮、悦耳的叫声。雄蛙常在枝叶间跳跃或滑翔追促雌蛙或参与抱对，有时几只雄蛙抱握一只雌蛙；有的水塘上空的树枝上卵泡密集，难以计数，卵泡被包裹在树叶内，一般距地面1～10米。

蹼树蛙

红蹼树蛙——红色趾蹼

红蹼树蛙与黑蹼树蛙很接近，但红蹼树蛙前臂肤褶窄，不显著突出；趾间蹼呈猩红色。吻棱较明显；鼓膜显著；犁骨齿略作弧状斜，左右不相遇。舌窄长，后端缺刻深。瞳孔横置，可成窄线状。

红蹼树蛙的指端均有吸盘及横沟；指蹼发达；关节下瘤显著，掌部皮肤粗糙，有成行小疣。后肢细长，胫跗关节前达眼部，左右跟部重叠；胫跗关节后下方有一显著的肤褶；趾端均有吸盘及横沟，较指吸盘小；趾间全蹼；关节下瘤发达，第一趾的瘤最大；内蹠突扁平，无外蹠突。雄蛙有单咽下内声囊，声囊孔长裂形；第一指上有白色婚垫；雄性线粉红色。

背部皮肤平滑，除四肢上肤褶外，肛门上方有一显著方形肤褶，肛门位于肤褶下方；颞褶明显；咽部平滑，胸腹及股下方满布小圆扁疣。

生活时背部为红棕色，上有不明显的深色斑纹，一般背部有一深棕色"×"形斑，背部后端有几条深色横纹；四肢上有深色横纹；肋部有黑色大圆斑及少数小斑点。

蝌蚪的口角下唇缘有乳突，下唇乳突为内外两排。

红蹼树蛙多栖于的热带地区，我国主要分布在云南省，常活动在茶树、草地、灌丛、小乔木上，也在水沟、水塘活动，以瓢虫、蛾类、蝶类幼虫以及脉翅目昆虫为食。

海南溪树蛙——海南特有

海南溪树蛙体扁而细长；吻端尖；吻棱显著，颊部有一深凹陷；鼓膜显著，犁骨齿细长；舌较大，后端缺刻深。

它的前臂较细长，指端均有吸盘及横沟；指间具微蹼，外侧指间蹼较显著，指侧有窄的缘膜；关节下瘤极发达，有指基下瘤，掌突不显。后肢细长，胫跗关节超过吻端，左右跟部重叠，趾吸盘略小于指吸盘；趾间全蹼；外侧趾间蹼发达；趾关节下瘤显著，趾部小疣多；内蹠突小，无外蹠突。雄蛙体形较小，第一及第二指上有白色婚垫；有单咽下内声囊；体背侧有雄性线。

蛙体背面皮肤光滑或具有小疣；颞褶显著。腹面满布扁平疣，咽喉部光滑。生活时颜色变化颇大，在强日光下体背面灰色，在阴暗潮湿的环境中色变深，有的成深棕色，上有黑花斑或不规则黑斑点，眼间有一黑横纹或三角形黑斑，有的在前方还有一黑斑点；四肢背面有宽的黑横纹，前臂 2 条，股、胫、跗部各 3 条，趾背面 2 条，背面黑色斑和四肢横斑多镶有浅黄色细纹，胯部及股后黄色，股后有黑色网状斑。腹面鱼肚白色。

繁殖期时，常把卵产在溪边的水塘或溪内大石上的凹陷积水坑内，卵成小块状，浮于水面；蝌蚪也在水坑内生活。蝌蚪的出水孔位于体左侧，有游离管；肛孔位于尾基部腹面右侧，有不游离的长管。口部大，口角及下唇乳突 3～4 排。

海南溪树蛙一般栖息在大中型流溪内，溪内大小石块甚多，植被较为繁茂。白昼均伏于溪内大石头上，该蛙行动敏捷，稍受惊扰，立即跳入水中。

勐腊小树蛙——云南特有

勐腊小树蛙与陇川小树蛙相似，主要区别是勐腊小树蛙指、趾吸盘不呈桔红色；具内外掌突和突；无雄性线；背部有一深色蝶形斑。

勐腊小树蛙的体形小，雄性平均 16.2 毫米，雌性平均 19.9 毫米。头长宽几乎相等，吻端钝圆，稍超出下颌；颊部略向外倾斜，颊面略凹入，鼻间距与眼间距约相等，鼻孔近吻端，上眼睑宽小于眼间距，吻长与眼径等长，鼓膜多不清晰，略小于第三指吸盘或几乎等大；颌褶短而明显；无犁骨齿，舌梨形，后端缺刻较深。

前臂及手不到体长的一半，第一、二指与第三、四指相对呈握物状，第二和第四指近等长，指间无蹼，指侧无缘膜，指端均有吸盘和马蹄形横沟；关节下瘤发达，具钝滩状内外掌突，内掌突大，位于第一指基部，外掌突小，位于第三、四指基部之间。

后肢细长，胫肘关节前达眼，左右跟部相遇，胫为体长的一半，第五和第三趾近等长或第五趾稍长，趾端均有吸盘和马蹄形横沟，趾间约 1/4 蹼，趾侧无缘膜，内跖突大于外吸突，均呈圆锥状。

背面皮肤粗糙，具大小疣粒，上眼睑、吻额、枕部和颞部疣粒更密集，背部和四肢背面疣粒稀疏。腹部和大腿腹面密集扁圆形、大小一致的疣粒；掌腹面包有几个疣粒；前臂、腕掌和闭外侧缘因有疣粒，多微呈波状缘。

生活时背面灰白色，少数雄性个体色深暗致使斑纹不够清晰。眼间至枕后有一深色倒三角斑，背部有一深色蝶形斑，胯部有一明显的黑色斑块，其中心或前缘色淡。前臂，第三、四指各有一道深色横斑，股、腹各有三道深色横斑，但多以中间一道最醒目，趾亦有横斑。腹面色淡，其上多缀以不规则深色斑纹，大多以咽喉部较为明显，雄性尤甚。

雄性多有明显的喉褶一道，无雄性线；具单一咽下内声囊，声囊孔开口于左侧，纵裂，第一、二指背面有白色婚垫。

勐腊小树蛙目前仅见于云南勐腊，生活于山溪两旁的灌丛中，夜间常伏于叶片之上。

白颊小树蛙——颊上有白色宽带纹

白颊小树蛙体形小而细长，吻尖长，长于眼径，吻棱明显，吻呈三角形。鼓膜清晰；无犁骨齿；舌较窄长，后端缺刻深。眼下方颊部有明显白色宽带纹。

指较长而扁，指端具吸盘及马蹄形横沟，第一指吸盘小，其他各指吸盘较大；指间无蹼，关节下瘤明显；掌部有小疣，排列成行；内掌突一个且较大，外掌突两个较小，呈卵圆形。后肢细长，胫跗关节前达眼前角；左右跟部相重叠；趾端与指端同，但吸盘小；关节下瘤明显，外侧趾间无蹼，趾部有成行的小疣粒，内蹠突小，卵圆形，无外蹠突。雄性第一及第二指背面基部有白色婚垫，有一对咽侧内声囊，声囊孔短裂。背腹侧雄性线明显。

皮肤背面光滑，有"×"形斑纹；上眼睑上有少数较大疣粒；颞褶细而清晰，直达肩上方；背部有极细小而分散的小黑点，四肢有分散的微小痣粒，后肢痣粒多沿纵轴排列。腹面咽部、上臂内侧、胸腹部大腿腹面满布颗粒扁疣。白颊小树蛙主要见于我国云南省，生活于浅水塘旁边的树枝上。

知识点

蹼

一些水栖动物或有水栖习性的动物，在它们的趾间具有一层皮膜，可用来划水运动，这层皮膜称为蹼。例如，两栖类的蛙、蟾蜍等；爬行类的龟、鳖等；鸟类的雁、鸭、鸥等；哺乳类的河狸、水獭、海獭、鸭嘴兽等的趾间都具有发达程度不同的蹼。

树蛙的特征

树枝上是一处奇特的蛙类生存场所。世界各地广泛地分布着大约5000个品种的树蛙，它们相当成功地适应了这种生存环境。这些青蛙极其活跃，跳动自如、敏捷，使人们叹为观止。树蛙与普通青蛙的腿部有小小的差异，树蛙的腿十分善于抓牢树枝，便于它们远距离跳跃后进行休息。树蛙的"手指"与"脚趾"上长有一吸盘，这些东西保证了树蛙能选择光滑的树枝安全降落。树蛙又叫飞蛙，生活在印度和东南亚国家，我国南方地区也有。白天，树蛙贴在树皮上睡觉，很少活动。一到晚上，它们开始活跃起来，在树干上爬行或在树间滑翔，捕食昆虫和蜘蛛等。树蛙大多是绿颜色的，这为它们提供了一个天然的保护层，因为树叶也是这种颜色的。一些树蛙在跳跃时身上会有一小部分其他的颜色，但在树蛙静伏在水面或树上时，是看不到这种颜色的。树蛙能随周围环境的变化，不断变换自己的体色，有时装得很像树叶，有时又变成红色、桔红色或黄色等果实的颜色。这样既可以逃避天敌的眼睛，又不容易被昆虫发觉，便于寻找和获得食物，这些颜色一般长在青蛙前腿与后腿的里侧。

外表丑陋的癞蛤蟆

蟾蜍是一种常见的两栖动物，依靠肺和皮肤进行呼吸，为了保持皮肤的湿润状态，以便于空气中的氧气溶于皮肤黏液进入血液，它们基本上在一些河湖池沼附近等空气比较潮湿的陆地上度过一生。不过在空气湿度大或下雨时，它们也会一反常态到平时不常出现的地方活动。

蟾蜍与蛙类相比，身体肥胖，四肢短小，背部皮肤厚而且干燥。它长得非常难看，黑褐色的皮肤上长了许多疙瘩，这些都是皮肤腺，能分泌乳白色的浆液；头部一对胖大的耳后腺，能分泌更多的浆液。这种浆液是有毒的，猫、狗和狐的舌头沾上它便会中毒，甚至引起死亡。因此，连贪吃的黄鼠狼也对它毫无办法。由于蟾蜍的外表丑陋而招人讨厌，人们给它起了"癞蛤蟆"的俗名。

　　白天，青蛙、雨燕捕捉昆虫的时候，蟾蜍躲在泥洞和草丛中休息；到了晚上，青蛙和雨燕休息了，它就出来接班，捕食害虫。蟾蜍的后肢较短，跳跃和游泳本领不及青蛙，可是捕捉近地面的昆虫却比青蛙还有办法。蟾蜍吃的大多是害虫，如蝼蛄、金龟子和象鼻虫等。有人做过统计，一只蟾蜍在 3 个月内能吃掉一万多只昆虫。

　　除此之外，它还对人类有不小的药用价值。它体内含有华蟾蜍毒素、华蟾蜍素、华蟾蜍次素、去乙酰基华蟾蜍素、精氨酸、辛二酸等化学物质，是一种很有疗效的药物，其耳后腺分泌的白色浆液就是中药中著名的蟾酥，能治多种疾病。对这种有益于人类的动物，我们必须要保护它们。

　　根据外形和行为来区分蟾蜍和青蛙是非常容易的事。蟾蜍俗称"癞蛤蟆"，皮肤很粗糙，背上长满了大小不同的疙瘩，称为"皮肤腺"，尤其是长在眼睛后方的一对"耳后腺"最大。蟾蜍的后腿较短，身体较粗，行动迟笨，所以不善于跳跃，平时常在水边、田边、菜园或田间路旁等处爬行。多在傍晚出来活动，寻找蝼蛄和其他各种昆虫吃。秋末天气转冷时，便躲藏在水底淤泥处、烂草堆中或陆地洞穴中进行冬眠。可是，天气刚一转暖，它们便爬到水塘边处交配产卵，不善鸣叫。它们能产出几米或十几米长的胶质卵袋（由卵膜联成的），卵一个个双行排在卵袋中。由于边爬边排，卵袋又很长，所以有时就被缠绕在水面的植物上，而不叠成一大堆。

　　青蛙俗称"田鸡"，皮肤较光滑，有的是黄绿色，有的是深绿色或带灰褐色，常有黑色斑纹。在背中央处一般有一条浅色的细脊线，两侧各有一条背侧褶，头略成三角形，除大圆眼向外突出，视觉敏锐，善于发觉活动的飞虫。青蛙的后腿较长，善于跳跃和游泳。雄蛙有鸣囊，鸣叫时声音响亮。平时多在稻田、池塘或河流沿岸的草丛中，有时也潜伏在水中，仅露出鼻孔呼吸。多于夜晚捕食农业害虫和其他小动物。秋末，也在地下进行冬眠。春暖时在水中交配产卵，卵外有一层薄的胶质卵膜，各卵膜联成块堆状，有的沉入水底，有的贴在草叶上。

　　由受精卵发育成的蝌蚪，开始在水中游动或吸附在草叶上。由于蟾蜍和青蛙蝌蚪的外形非常相近，在水中游动时不太容易区分，需仔细观察才能辨别出来。它们之间到底有什么不同呢？

　　蟾蜍的蝌蚪一般在早春时节就会出现，常密集成群向同一个方向游动，可吞食水底的泥土，或在动物尸体上摄食，身体颜色浓黑发亮，近于长圆形，显得笨重，尾巴较短，颜色稍浅，尾鳍较高而薄，末端尖圆。特别是它的口，不在头的前端，而是在头部前端的下方，仅口角有唇乳突。鳃孔在头部的近腹中央处。

青蛙的蝌蚪要比蟾蜍的蝌蚪较晚些时候才能见到，常分散游动，身体颜色较浅，近于圆形，尾巴较长，尾鳍发达，末端尖细。口小，在头的前端，口角及下唇都有唇乳突，鳃孔在头部的左侧。

癞蛤蟆平时躲在石下、草丛或土穴内，非常喜欢在晚上或阴雨天出来活动。它们的皮肤不仅非常粗糙，背上好像是长满了大小不同的"癞疙瘩"，这些都是皮肤腺，尤其是更不敢动它眼睛后面那一对大的耳后腺。由于人们长期以来对它们不太了解，认为用手摸了它，手上就会长癞，因此把它们叫"癞蛤蟆"，甚至有的地区还把它们叫"老疥"。其实，这是冤枉了它们，摸了它们既不会长癞，也不会长疥。

癞蛤蟆身上的大小皮肤腺，确实能向外分泌出一种白色的浆液，这是它们用来保护自己的，使一些敌人不敢吞食自己。特别是眼后方的那对大的耳后腺，它是蟾蜍类动物所特有的一种腺体，只要触动它，就能射出较多的乳白色的汁液，这种汁液对某些小动物来说是有毒的。如果喷射到人的手上，用清水冲洗一下就可以了，不会引起什么麻烦。但是，万一不小心喷射到人的眼睛里，如来不及冲洗就会引起红肿。因此，最好不要挑逗癞蛤蟆哦。

知识点

蟾酥

蟾酥是蟾蜍表皮腺体的分泌物，白色乳状液体，有毒。取蟾蜍科动物，如中华大蟾蜍或黑眶蟾蜍的分泌物，多于夏、秋两季捕捉、洗净，挤取耳后腺及皮肤腺的白色浆液，加工，干燥后可以入药。

延伸阅读

夏眠的锄足蟾

凡是两栖动物，一般都有冬眠的习惯，可是生活在非洲大沙漠中的一种名叫锄足蟾的动物却爱夏眠，而且夏眠时采取的方法也很奇特有趣。这种蟾皮肤光滑，两只后脚都有鳞片似的隆起，活像锄头，故得名"锄足蟾"。每当夏季沙漠干燥无雨时，它便施展"遁地绝技"，神速地用后爪掘开地面钻入土中，并分泌一种与胶质相似的保护性液体，把自己全身包裹起来，以防止身体内的水分蒸发。锄足蟾就是用这种奇特有趣的方法进行"夏眠"的，而且可不吃不喝坚持很长时间。锄足蟾的产卵必须在水中进行，因此一旦下了大雨，它便重现地面，求偶交配，把卵产在水中，经过12天左右，卵便变成小蝌蚪，再变成小锄足蟾。

独特的"育儿经"

负子蟾——背上的"育儿室"

负子蟾是生活在南美的一种奇特的大型蛙类，栖居于热带森林中，体长约10厘米，多是褐黑色，头是三角形的，眼睛很小，无眼睑，头上没有耳后腺，具两个出水孔，口部无角质噱和角质齿，嘴里没有舌头，后肢的趾间有发达的蹼，趾间全蹼，体侧有侧线。荐椎前椎骨5～8枚，椎体后凹型，肩带弧固型。蝌蚪期前3枚躯唯有游离短肋，变态后与横突愈合。它终生与水作伴，非万不得已是不肯离开水面的。

负子蟾分布于南美洲的巴西、圭亚那等地，终生栖于水中，在长期干旱的情况下多集中在尚未干涸的水塘内。雨季到来后，分散活动并在积满雨水的水塘和凹地水坑内交配、产卵，每次产卵约40～100粒。

每到产卵期，雌蟾背部皮肤便生出海绵状组织。产卵时，雄蟾抱住雌体的中央部，将精液注入雌体的泄殖腔，雌蟾把泄殖腔向外翻开，形成一个弯曲的管状产卵带，插到自己的背部和雄的腹壁间，把卵一粒粒产入海绵组织上，由雄蟾用后肢分配和压入海绵组织的蜂窝状小孔中，而且恰好是一窝一个，便逐渐发育成蜂窝状的"育儿室"。

等到3个月后，卵变蝌蚪再孵化出小蟾。当小蟾从窝中全部跳出来后，母蟾把背部在石壁或树皮上反复摩擦，擦去原来海绵状的表皮，恢复原来的构造。这就是"负子蟾"名称的由来。由于每批卵的数量不大，因此，这样的孵化方法通常是十分成功的。偶有跌落到水底的卵都不能正常发育。

产婆蟾——后腿上缠卵的父亲

并非所有的蛙和蟾蜍留下受精卵让它们自己去孵化，有些种类要守护自己的卵子，保持卵子湿润并免遭敌害，比如产婆蟾。雄性产婆蟾扛起一串卵子在背上，缠绕在自己的腿上。

产婆蟾是行动迟缓的两栖动物，它们体形不大，长约 5 厘米。体色为深灰色，皮肤有疣。上颌具齿，舌呈盘状，周围与口腔黏膜相连，不能自由伸出。

产婆蟾生活在欧洲西部法国、比利时、瑞士的山地石块或洞穴中；春夏季节繁殖，在陆地上交配。生殖期间，雌蟾产卵两串，大约 50 枚 ~ 60 枚，卵受精后，雄蟾将念珠状卵带缠绕在自己的后肢上，然后返回地洞。带着卵的雄产婆蟾夜出寻食，大约 20 天入水一次，将卵浸湿。3 个月后幼体破卵壳而出时，雄蟾又将其带入水中，随即离去。蝌蚪于水中生长发育，经变态而为成体。

产婆蟾

知识点

变 态

脊椎动物中，仅两栖类所特有的一种生命过程，其幼体具鳃，多水栖，

而成体一般用肺呼吸，多陆生。变态过程伴随骨骼系统、呼吸系统等一系列身体形态和结构的巨大变化。

➡ 延伸阅读

新西兰特有的滑蟾

　　滑蟾是孑遗种，被认为是演化过程中最原始的类群，已被列为保护动物。一般将滑蟾与分布于北美西北部高寒山区的尾蟾归列为同一科。滑蟾成蟾的体形较小，体长约 2～5 厘米。肩带弧胸型；椎骨 11 枚，较其他无尾类多 1 枚。椎体呈双凹型，有残留的脊索；有 3 对短肋，有残存的尾肌。

　　滑蟾仅分布于新西兰，常栖息于近水源的苔藓上、潮湿的土洞内或岩石下。雌蟾卵巢内终年都有大小不同的卵，左右卵巢的卵是分别产出的。卵约 4～5 毫米大小，卵呈白色，每 1 卵团含卵 2～8 枚。卵通常产在石下、倒树下及泥洞底等处的湿土上。卵不是同时孵出，同一卵团幼体孵出的时间可相差 9 天。成蟾有护卵习性，常徘徊于卵群周围。孵化时间一般为 6 周，直接发育，孵出时已接近完成变态。

脚蹼特别的蟾蜍

大蹼铃蟾——脚蹼发达

　　大蹼铃蟾栖息在我国横断山系东侧，四川和云南两省海拔 2000～3300 米的山溪石下或坑塘。它最独特的地方就是趾蹼极发达，几乎占满了脚趾之间，大蹼铃蟾也因此而得名。

　　大蹼铃蟾体长有 53～73 毫米。吻端圆而高，突出于下颌，吻棱不明显；鼻孔很小，靠近吻端；无鼓膜；犁骨齿为两小簇，横置于内鼻孔内侧后方，左右几乎相遇；舌大近圆形，周围与口腔黏膜相连。前肢粗壮，指端圆，指短扁，指侧缘膜显著，在基部成蹼迹；无关节下瘤；内掌突隆起颇大。后肢粗短，胫跗关节前达肩部，左右跟部不相遇，足比胫短；趾端钝圆；雄性蹼极发达，雌性的蹼略小；无关节下瘤。

　　大蹼铃蟾的皮肤极粗糙，整个身体的背面及体侧满布大小瘰粒和刺粒；吻前端及头侧无瘰粒而小刺疣仍极多，黑刺脱落后成小孔状；头顶及眼睑上瘰粒明显，耳后腺大而扁平；胫、跗、蹠及第五趾背外侧瘰粒极发达，以致成肥肿状。腹面皮肤较光滑，咽喉部及腹部有许多纵横皱纹及少数分散的黑刺。雄性胸侧各有一团微隆的扁平疣，疣上有许多密集的小黑刺形成刺团，前臂内侧及内侧三指上有密集的小黑刺。雌性的胸侧有分散而稀少的小黑刺，前臂及指上无黑刺。

大蹼铃蟾

大蹼铃蟾生活在小山溪里的石头下或山溪相连的水坑，或浅的泉水井内。它们行动不敏捷；如遇敌害常将手足翻向背面，静止不动装死。5～6月份是它们的产卵期，产卵期时大蹼铃蟾在水坑中往往只将头部露于水面，卵产于静水坑内，多为分散单个卵。蝌蚪体笨重，尾较短弱，背面棕灰色，皮肤上有极细的短线条，纵横交织成网状；早期蝌蚪口后咽喉部有一对深色斑。

大蹼铃蟾是捕食危害森林、牧草及农作物害虫的能手，需要我们去认真保护。

鳞皮厚蹼蟾——有肉质厚蹼

鳞皮厚蹼蟾的体形较小，体扁而细长。吻端盾形，吻棱极明显，颊部垂直，鼻孔近吻端。无上颌齿亦无犁骨齿；舌窄长，后端游离，无缺刻；瞳孔圆形。

指宽扁，末端浑圆，腹面成吸盘状，但无横沟；关节下瘤及外掌突明显。第一及第二指均短，蹼较大，其余指间基部具蹼；胫跗关节前达眼，左右跟部仅相遇；足短；趾端与指端相同；趾间蹼不发达。

背、腹、体侧满布小疣粒，自眼后沿体侧至胯部的疣粒较大，成行排列，在颞部上方的较明显；四肢背面有白色疣刺。咽喉下方至胸部皮肤皱褶状，形成不规则的小鳞样结构。肛孔在腹面才能看到，被一个白色小三角形皮褶所覆盖。

生活时整个背面棕黄色，疣粒上略带红色；背正中有细浅脊线；头、体背及四肢有镶灰白细纹的深棕色斑；两眼间为"▽"形斑，背部前后有两个

"∧"形宽斑，前臂及股、胫各有一明显的深色横纹；内侧指趾略带红色；头侧自吻棱下方沿体侧的大疣下方棕黑；在吻端中央及眼正下方至上颌缘各有一棕黑斑。雄性个体小，前臂较粗；第一指上有乳白色婚垫；有单咽下内声囊；声囊孔长裂形，左右均有。

鳞皮厚蹼蟾主要栖息在海南岛上小山沟附近，沟内流水甚少，甚至成为干沟，沟两侧有高大乔木，地面上有落叶，环境潮湿，多匍匐在潮湿处的石块上或落叶间，行动不敏捷，易于捕获。

知识点

乔　木

乔木是指树身高大的树木，由根部发生独立的主干，树干和树冠有明显区分。有一个直立主干且高达 6 米以上的木本植物称为乔木，树体高大（通常 6 米至数十米），具有明显的高大主干。又可依其高度分为伟乔（31 米以上）、大乔（21—30 米）、中乔（11—20 米）、小乔（6—10 米）等四级。与低矮的灌木相对应，通常见到的高大树木都是乔木，如木棉、松树、玉兰、白桦等。乔木按冬季或旱季落叶与否，又分为落叶乔木和常绿乔木。

延伸阅读

撒哈拉大沙漠里的光滑爪蟾

光滑爪蟾的雌性成体长约 12.5 厘米，而雄性体长只有雌性的一半。体态肥壮，流线型。眼小，位于头背上方，无眼睑。无舌，咽鼓管孔单个。后肢粗壮，趾蹼极发达，内侧 3 趾末端有爪，故而得名爪蟾。

光滑爪蟾以小鱼、虾、蟹、昆虫为食，特别能消灭蚊子的卵和孑孓，终生水栖。遇干旱时，可爬行短距离寻找水源，但一般伏于湿的土下。早春或夏末产卵，一年产卵多达 10000～15000 万粒，卵通常粘附于水草上。蝌蚪头扁，无角质凳和角质齿，摄食浮游生物，分布于非洲撒哈拉大沙漠以南地区。常被用作实验动物，很早用于诊断妇女早期妊娠。

各种齿蟾

秉志齿蟾——蝌蚪水底能越冬

分布于四川凉山（昭觉、越西）地区的秉志齿蟾是我国特有珍稀动物，其个体中等大小，体长43毫米~54毫米。吻端略突出；鼓膜不显；无犁骨齿；舌后端游离，有缺刻。前肢长；后肢胫跗关节仅达肩部或口角。指、趾端圆，雄性四、五趾外侧缘膜有一行黑刺。

秉志齿蟾的皮肤不粗糙，背部的皮肤松厚。背部疣小较平滑；腹部皮肤光滑；四肢上有许多小黑刺；腋部及大腿两侧各有浅色疣粒。背部浅棕色，疣上有黑点；四肢有黑横纹；胸腹部肉色。瞳孔纵椭圆形，上半虹彩为赤金色，有纵行黑线，下半为浅灰蓝色。

秉志齿蟾生活在海拔2700~3300米的沟边草根、树根、石块下或沼泽地带，行动呆迟。5~6月是产卵期，这期间它们的鸣声低沉，产卵于细树根上，卵呈长条状，大部分浸没于水中，蝌蚪生活在水底并能越冬。

宝兴齿蟾——有黑色横纹

宝兴齿蟾分布于陕西、甘肃和四川，是我国特有的珍稀物种，体长51~69毫米左右，体较扁平。前肢长，前臂及手长超过体长的一半；指端球状，色浅，关节下瘤不显著，第三及第四指有肤棱，内掌突大，卵圆形，外掌突略小。后肢细长，胫、跗关节达眼前角或眼中部，左右跟部重叠；趾端圆，色浅，关节下瘤显著，其间有肤棱。

头长宽几乎相等；吻圆略突出下唇，吻棱不显，鼓膜隐蔽；无犁骨齿，舌后端缺刻显著，咽鼓管孔小。皮肤粗糙，头部及四肢背面疣小，背部及体侧有分散均匀的大疣粒，腹面皮肤光滑，腋腺及股后腺显著，雄蟾有一对胸腺，上有大角质刺。体背面褐黄色或绿黄色，有排列较均匀的黑色圆斑，上下唇缘有深浅相间的纵纹，四肢背面黑色横纹多而细。腹面肉红色，满布灰褐色小花斑。

宝兴齿蟾

宝兴齿蟾栖息于海拔 1000 ~ 2000 米的山溪中。雨夜时，成蟾出现在沟水中只露出头部，白天很难发现。繁殖季节在 3 ~ 4 月，卵群多呈块状，每块约 350 粒左右，卵乳黄色。小蝌蚪体黑色，大蝌蚪灰棕色，蝌蚪多集中在急流水的回水荡内，受惊后会潜入石隙。

疣刺齿蟾——栖息于溪流

疣刺齿蟾成体不像其他蟾蜍那样在陆地上活动，而是栖息于溪流中。仅分布于云南西北高黎贡山地区。它在被发现的时候，已经处于濒危状态，数量极少。它的蝌蚪的腹部有一个大吸盘，可以附着在溪流中的石头上，不被流水冲走。

疣刺齿蟾，吻圆，吻棱不明显；无鼓膜和耳柱骨，听觉退化；无犁骨齿；舌较大，后端有缺刻；咽鼓管孔较小。前肢长，前臂及手长略长于体长的一半；指细长，指端球状，色浅；关节下瘤较显著，指节间底部有浅肤棱，掌突发达，内掌突大而圆，外掌突略小。

背面皮肤粗糙；上下唇缘有小黑刺，背部满布小圆疣，吻部及四肢背面较少，疣上多有黑刺，前肢黑刺较少。腹面皮肤平滑，腋腺圆、色浅；股后腺大而显著；雄蟾有一对胸腺，有微细黑刺。生活时背面多为黄褐色，有的呈深灰棕色，疣上或疣粒周围多为黑色；一般前后肢有黑斑点或有不连续的黑色横纹，上下唇有黑斑点；整个腹面有灰棕色麻斑。

疣刺齿蟾多栖于小山溪石下或小溪边植物根下的洞内，产卵季节在 4 ~ 5 月。

知识点

瞳　孔

瞳孔是动物或人眼睛内虹膜中心的小圆孔，为光线进入眼睛的通道。虹膜上平滑肌的伸缩，可以使瞳孔的口径缩小或放大，控制进入瞳孔的光量。在多数脊椎动物中，无论扩大或缩小时都是圆形的，但狐狸和猫的瞳孔收缩时变成椭圆状，像一条缝。

延伸阅读

齿蟾的特征

齿蟾属锄足蟾科角蟾亚科的一属。齿蟾是中国的特有属，现有13种。主要分布于四川西部和南部、云南西北部、贵州北部和湖北的利川等地。雄蟾胸部有一对刺团，繁殖季节后多脱落。股部多有股腺。瞳孔纵置；鼓膜多隐于皮下；舌后端有缺刻。上颌有齿。背面皮肤多粗糙。成体以陆栖为主，多生活在树木丛生的山溪附近。有的种多在沼泽地水荡或小溪内。齿蟾白天常隐蔽在溪边朽木下、有苔藓腐叶的泥洞或石隙间。夜出活动，多爬行，行动缓慢。

角蟾亚科的各种蟾

胸腺齿突蟾——胸上长有角质刺

胸腺齿突蟾体形大而粗壮，雄蟾体长61～75毫米，雌蟾57～77毫米；头较扁平，头宽大于头长；吻端圆，吻棱不显著，颊部向外倾斜略凹陷；鼻孔间距与上眼睛基本等宽，瞳孔纵置；颞褶宽厚略似耳后腺；无鼓膜、上颌膜；上颌具稀疏齿突或无齿突；无犁骨齿；舌是椭圆形，后端无缺刻，咽鼓管口较小。

前肢长为体长的一半，指端略呈球状；第一、二指等长，略短于第四指；指关节下瘤不显，平扁。后肢短，胫跗关节前达肩部；左右跟部不相遇；足比胫长；趾端圆，趾侧缘膜较宽，内侧三趾、外侧和第五趾内侧为半蹼，少数者达 2/3 蹼，第四趾多为 1/3 蹼，雌蟾的蹼略逊于雄蟾；内蹠突发达，呈长椭圆形，无外蹠突。

胸腺齿突蟾

皮肤粗糙；背部有扁平疣粒，略呈纵行排列；体侧及四肢上疣小；颞褶粗厚，股腹面近端散有小圆疣；无股后腺；蹠趾底面满布大小疣粒。雄蟾胸一对，上有细密黑刺，腋腺较胸腺小，位于胸腺后外侧，前内侧与胸腺相连，雌蟾腋腺窄长，扁平无刺。

雄蟾前臂粗壮，内侧二指上有强锥状角质黑刺；胸腺一对，上面具稀疏的角质黑刺，趾间蹼较雌蟾发达，无声囊和雄性线。

生活时整个背面深橄榄绿色，散有不规则棕色斑，一般在大疣上、吻部、头侧色较浅略带金黄色，头部两眼间多数有一深色三角斑，并向后延伸至肩部。腹面黄灰色，胸腺略带肉色，腋腺浅黄色。瞳孔纵置，黑色，虹彩棕黑色。四肢背面色较体背浅且无横纹。咽喉部及四肢腹面常为紫灰色。

产卵季节为 6～8 月间，7 月中旬至 8 月中旬为产卵盛期；所产的卵群呈团块状，贴附在水中较大的石块下面。初孵出的小蝌蚪体为灰色，腹面乳黄色；大蝌蚪体色多为橄榄棕色，多栖于流溪或河流的缓流处的乱石下。

胸腺齿突蟾生活于海拔 2400～3900 米高原山区的大、中、小型流溪或水沟内的石块或朽木下。河流缓流处的大石块下也有，生存环境附近的植被多为草原，亦有灌丛草甸或森林草原。主要分布在青海的玉树、囊谦和班玛等县，以及四川西北部高原。行动迟缓，易于捕捉。白天多隐匿于石块或朽木下，晚上外出觅食，常蹲于石上或岸边。

刺胸齿突蟾主要捕食有害昆虫及其细长虫，有益于农、林、牧业。此外，在青藏高原地区民间已将其入药，用途和疗效与西藏齿突蟾相同。

西藏齿突蟾——西藏的癞瓜子

西藏齿突蟾体形窄长而扁，雄蟾体长40～56毫米，雌蟾47～59毫米；头较扁平，头宽略大于长；吻端圆，吻棱不显，颊部向外倾斜有一浅凹陷；鼻孔位于吻眼之间，鼻间距等于眼间距而小于上眼睑宽；瞳孔纵置；颞褶厚而隆起；无鼓膜；上突不显。无犁骨齿；舌呈长犁形，后端游离多无缺刻，仅少数缺刻；咽鼓管口小。由于上颌有短小齿突或无齿而得名。

前臂及手长略为体长的一半。指端略呈球状；指细长，第一、二指几乎等长，略短于第四指；指关节下瘤不显著；掌突平扁。后肢短而弱，胫跗关节仅达肩部，尾长约为体长的36％，但短于足长，左右跟部不相遇；趾端近球状，趾缘膜较宽；趾间蹼多为2/3蹼，雌蟾的蹼较雄蟾略逊；无关节下瘤；内蹠突窄长，无外蹠突。

皮肤粗糙；头部较为光滑，雄蟾背部满布大小疣粒，背中部者一般较圆；头侧、上下唇缘、上眼睑、颞褶均有分散的小黑刺；四肢背面疣粒较背部的小；两侧一般各有一大扁平疣。雌蟾各部的疣粒多无刺，仅少数有细小黑刺。雄蟾胸部有两对细密黑刺团，内者稍大；上部腹面具较小的黑刺团，腹部满布扁平圆疣，其上有黑刺。雌蟾有一对腋腺，有的上面有稀的细小黑刺，腹部扁平圆疣较蟾少得多。

生活时背部及四肢为草绿色；两眼睑之间有一深色倒置的三角形斑；深色斑的前端及头侧，颞褶部位略带金黄色，深色线纹自吻端起沿吻棱到颞褶下方；背部疣粒部位绿黄色，较周围的色浅；四肢上有不明显的深色纹。腹面米黄色。

西藏齿突蟾的产卵季节为6～8月，以6月下旬至7月中旬为其产卵盛期；卵成团粘于石块下面。蝌蚪白天多隐伏于石块下，夜间常游向岸边或石块间觅食，受惊扰即迅速游向深水处或潜入水下石缝间。在流溪内能捕获到不同发育时期的蝌蚪，变态期蝌蚪多出现在溪边石块下。

西藏齿突蟾主要生长在青藏高原南部和东南部海拔2900～5100米的大、中、小型流溪缓处岸边，所在环境一般植被稀少，有的仅有矮小灌丛或无任何植被的溪流近源处，一般大小卵石多。傍晚后外出活动，有的上岸活动于草丛间，甚至进入屋内或帐篷内。

西藏齿突蟾能大量捕食鞘翅目、鳞翅目和双翅目等有害虫及其幼虫，对消灭高原牧草害虫起到一定作用。它还是藏药的一种，其肉单用可治舌头肿大、疮疖等症；其肝和胆有清热解毒的功效。

掌突蟾——中国特有的蟾类

掌突蟾体形小；体长25毫米以下；吻端钝而高；鼻孔位于吻端两侧近吻背处；吻棱显著，眼大，眼径与吻长相等；鼓膜大而圆，不到眼径的一半。颞褶清晰，自鼓膜以后开始弯曲向下，末端止于肩上方；无犁骨齿；舌宽大，后端深缺。

前肢纤弱，指细长呈棒状，端部球状，无关节下瘤；内掌突大、椭圆而高高隆起；外掌突小而圆，紧靠内掌突。后肢长度适中，左右跟部相遇；趾略扁平但不成缘膜；趾间无蹼，但趾基有蹼迹；内侧第二趾关节下瘤长椭圆形，略小于内蹠突；无外蹠突。体背部皮肤较粗糙，有细小疣粒，大疣分散于小疣之间；无肤棱；舌基上方颞褶的末端处有一浅色小圆疣；股后各有一浅色圆腺体；四肢背面有细肤棱；腋部通常有浅黄色腺体。

生活时背面红棕色；上半眼球金黄，下半眼球浅蓝；瞳孔垂直而狭窄；眼间黑色三角斑明显；吻末端正中有一宽的浅色纵纹垂达颌缘；上唇缘另外还有4条垂直棕黑色纹；背部有2棕红色块；肩上方有黄色点；四肢横纹清晰。雄蟾有内声囊和雄性线。

掌突蟾生活在云南省河口大围山、陇川等地的次生林山沟中，水流小而缓，两旁有灌丛的环境中，往往因鸣叫而被发现。

小口拟角蟾——嘴巴很小

小口拟角蟾的体形较小；头小而高。吻极短，吻棱棱角状；口裂甚小；鼻孔近吻端；鼓膜大，略小于眼径；瞳孔椭圆形，平置；上眼睑有一细长的肉质突，并有明显的帘状肤褶；舌厚圆，后缘无缺刻，周围游离，上颌无齿，亦无犁骨齿；内鼻孔大。

前肢细长，指端球状，指末端腹面浅橘红色；无关节下瘤及掌突；指底部棕灰色，肤棱不明显。后肢短，胫跗关节前达鼓膜后缘，左右跟部仅相遇，趾间无蹼或基部有蹼迹；趾侧无缘膜；无关节下瘤；趾底部棕灰色，肤棱明显；

内蹠突不清晰。

背面皮肤有细肤棱及细痣粒；上眼睑有一个肉质突；颞褶斜达肩上方，颞褶后端粗厚；背面的细肤棱自眼间至体后端排成"H"形，头侧及身体背部散有细痣粒，体两侧及体后痣粒较大；四肢背面有细肤棱，也散有痣粒；肛上缘有 3 枚浅色疣粒。腹面光滑。

小口拟角蟾

小口拟角蟾主要见于广西和云南等省，喜欢生活在山区小溪旁，成蟾常栖于溪岸边落叶覆盖的石缝内或蕨类植物上。蝌蚪生活于山溪内。

沙巴拟髭蟾——通体紫黑色

沙巴拟髭蟾生活在云南热带和南亚热带的山区小溪旁的草丛或灌丛中。头部扁平，头宽略大于头长；吻呈弧状，吻部自鼻孔起前斜达颌缘，故无吻突，鼻眼间的吻棱极为明显；有上颌齿，无犁骨齿，上下颌高度向外扩张，颌缘几成圆弧状；舌宽大，后端缺刻深；鼻孔位居吻和眼的中点；颊区自吻棱斜到颌缘；松果体不显；眼中等大小，瞳孔纵置椭圆，眼球上半部蓝色，下半棕色；鼓膜隐约可见或不显；颞褶极细弱，在鼓膜后缘几垂直弯曲向下。

前肢较细弱，指棒状；关节下瘤明显；节间肤棱明显；指基下有瘤，为长椭圆形；内掌突略大于外掌突，且相距近。后肢短而纤细；胫跗关节前伸达鼓膜，左右跟部不相遇；关节下瘤小；节间肤棱显著；趾间微蹼；内蹠突长，隆起甚高；没有外蹠突。

背面皮肤光滑无疣，但具有小痣组成的网状肤棱；四肢背面为纵行痣棱；腹面皮肤光滑。通身背面紫黑色，有许多小黑斑散布其上；体侧色浅，棕黑色纹或断或续组成较为醒目的花斑；上唇缘无斑纹；吻棱和颞褶下缘棕黑色；四肢背面横纹清晰；腹面密布浅棕黑细点。

雄蟾有内声囊；有雄性线。

蝌蚪体肥硕，色棕黑。尾肌和尾鳍上有棕黑色斑点。

知识点

咽鼓管

　　咽鼓管又称欧氏管，在鼓室前壁的偏上部有一个很重要的暗通道，它的一端由前壁进入鼓室，另一端则进入鼻咽部，是沟通鼓室与鼻咽部的通道，所以被称为咽鼓管。

▶▶ 延伸阅读

角蟾亚科

　　锄足蟾科：椎体变凹型，个体发育期无肋骨发生，一般分为两个亚科。(1) 锄足蟾亚科：椎体前凹式，有 3 属 12 种，其中锄足蟾属 4 种，分布于欧洲、亚洲西部和非洲西北部；合跗蟾属 2 种，分布于西欧和西南亚山区；掘足蟾属 6 种，分布于美国，南达墨西哥。(2) 角蟾亚科：前凹椎体是由骨化或钙化的间椎体与前一枚椎体愈合而成。这类前凹与典型前凹型的不同处在于嵌在二椎骨间的椎体不剥离就能看到；有 8 属 70 余种，分布于亚洲东部和南部、印澳群岛西部；中国横断山脉的属种最为丰富。齿蟾属 13 种、髭蟾属 5 种为中国特有属；角蟾属 21 种，分布区达东南亚；齿突蟾属 16 种，分布区达伊朗；拟髭蟾属 6 种，掌突蟾属 4 种，拟角蟾属 4 种，小臂蟾属 6 种，仅最后一属在中国没有分布。这一亚科多为南半球东洋界山区高原型动物，不具典型掘土穴居习性，而多在水域附近，繁殖期进入水中。皮肤多少有刺疣，后肢适中。

　　关于角蟾亚科属间的系统发生，有人认为最初有两个分支：①胁部无刺团，而是 1 对小白胸疣，有角蟾、拟角蟾、掌突蟾，前 2 属口部漏斗式，拟角蟾上颌无齿，掌突蟾蝌蚪口部有少数几排唇齿及角质颌。②胸胁部有 1 或 2 对大而明显的腺体或腺体上具刺团，仅有胁腺且无刺团者有拟髭蟾及髭蟾，具刺团 1 对者有齿蟾，两对者有齿突蟾。

各种髭蟾

峨眉髭蟾——长着长胡子

峨眉髭蟾又叫胡子蛙、角怪，是我国特有的两栖动物，生活在四川峨眉山区符文河上游的邓河坝、清音阁、一线天及洪椿坪一带，以及福建武夷山地区。其形状和青蛙相似，比一般蟾蜍原始得多，体长 8 厘米左右，背部呈青灰色，上有皱纹，腹部呈白色并有乳白色小斑点。雄蟾口部上唇边缘有表皮角质化了的黑而粗短的胡子 14 根，其实这并不是胡子，而是一种雄性成熟的象征——性斑，雌性没有胡子，只是在其相同部位有白色斑点，因此人们称它是"胡子蛙"。

峨眉髭蟾体形大，粗壮，头极扁宽；前肢很长，前臂及手长超过体长的一半；指细长，指（趾）端圆；关节下瘤显著，指（趾）腹面节间有浅色厚肤棱；掌突极显著。后肢短，胫跗关节前达口角，左右跟部不相遇，趾侧均有缘膜，基部相连成半蹼。背部皮肤由隆起的细肤褶交织成网状结构，上面散有细小痣粒；四肢背面有斜行细肤褶，腋部及股后端各有一乳白色疣粒，前者长圆形大小如掌突，后者月牙状。

峨眉髭蟾

髭蟾头上、背部及四肢背面呈蓝棕色而略带紫色，背面及体侧有许多不规则深色斑点，中肢背面有不规则深色横纹。腹面紫肉色，满布乳白色小点或颗粒。眼球上半为蓝绿色，下半为深棕色。

成蟾栖息在海拔 700～1800 米林木繁茂的山区，生活于溪流附近的山坡草丛、树洞、石缝处，捕食昆虫、蛞蝓、蜗牛等。2 月底至 3 月中旬产卵，卵产在水深 10～20 厘米缓流处的大石下。每次产卵 350 粒左右，生殖能力较弱。

卵团呈圆环状,紧附于石底,卵在寒冷的溪水中,要经过一个月左右才能孵出小蝌蚪。蝌蚪大而粗壮,全长可达 10 厘米,小蝌蚪长得很慢,通常经过 1~2 年才能长出四肢,完成变态。

崇安髭蟾——叫声响如鹅

分布于福建、浙江、江西,崇安髭蟾是我国特有的珍稀蟾类。崇安髭蟾体长 68~90 毫米左右。头扁平,头宽大于头长。吻宽圆,吻棱明显。颊部略凹;瞳孔纵置;鼓膜隐蔽;上颌有齿,无犁骨齿;舌宽大,后端缺刻深。

崇安髭蟾背部皮肤上的小痣粒构成细肤棱,交织成网状;腹面及体侧布满浅色小痣。生活时头和体背棕褐色,有许多不规则的黑细斑。上唇缘每侧有一枚雄性黑色锥状刺,因此又被叫为角蛙,而雌性的相应部位为橘红点。眼睛瞳孔和猫一样,能随着光线的强弱收缩或放大,虹膜明显地分成两半,上半部呈黄绿色,下半部为棕褐色。

崇安髭蟾栖息在海拔 1200~8000 米林木繁茂的溪流及其附近。成体栖居在草丛、石块、土洞、耕地等处。繁殖时间 11 月间,在山溪内抱对产卵,卵粘附于石底面,卵群呈团状或圆环状,卵群含卵量多为 268~402 粒。蝌蚪昼伏夜出,约 3 年变态成为幼蟾。崇安髭蟾的叫声像鹅一样响亮,故当地人又叫它为"坑鹅"。

雷山髭蟾——贵州雷公山特有

雷山髭蟾仅分布于我国贵州的雷公山,因此得名,是我国特有的物种。雷山髭蟾全长 69~93 毫米左右,体肥壮;头扁平,头宽大于头长;吻宽圆,略突出下唇,吻棱明显。瞳孔纵置,眼球上半边黄绿色,下半边棕紫色。雄蟾上唇缘每侧各有 2 枚粗壮黑色角质刺,繁殖季节后角质刺逐渐脱落。鼓膜略显;上颌有齿,无犁骨齿;舌宽大,后端缺刻深。前臂及手长超过体长的一半,指细而末端圆。后肢短,胫跗关节向前达肩部,左右跟部不相遇。生活时体背蓝棕色,散布大小黑斑;四肢有黑横纹;眼球上半呈浅绿色;下半为深棕色。

雷山髭蟾栖息于海拔 1100~1500 米的山溪附近阔叶林中,主要陆栖。每年 10 月下旬至 11 月间,成蟾常集中在水流平缓、石块很多的生境中抱对产卵,雌蟾产卵后离水到陆地生活。卵群圆环状或片状,粘连在石上。蝌蚪底栖，约 2～3 年变成幼蟾。雷山髭蟾分布区非常狭窄，数量不多，应采取措施予以保护。

哀牢髭蟾——哀牢山上的"毛胡子"

哀牢髭蟾在我国目前仅见于云南哀牢山。雄蟾上唇缘每侧有排列不规则的 10～24 枚黑色角质刺，俗名"毛胡子"。哀牢髭蟾的头部扁平，吻棱显著；鼓膜隐蔽；上颌齿强壮；无犁骨齿；舌大，后端缺刻较深；眼内虹彩的颜色上半部为蓝色，下半部为黑色。前肢长，指强壮末端膨大略呈球形，指间无蹼，节间肤棱极明显，内掌突大于外掌突，近圆形。胫跗关节达眼后角，左右跟部不相遇；趾端膨大，但小于指端；趾节间肤棱显著，趾侧缘膜显著；内蹠突发达，无外蹠突。

头体背皮肤满布肤棱，网状，四肢背面肤棱极强，纵向排列，其间布有小疣。腹面满布小疣。体背面灰紫色杂有许多碎黑斑点，后肢横纹显著，前肢横纹少而不明显。腹面乳白色，满布黑色碎云斑，指、趾末端米黄色。

哀牢髭蟾生活在海拔 800～2600 米的常绿阔叶林带，所在环境气候温湿，光线暗弱，林内多岩隙小溪，溪水平缓，两岸植被繁茂，地面落叶层较厚，石上着生有苔藓等植物。成蟾以陆栖为主，常栖息于阴暗潮湿的环境中，捕食林中的蜗牛、蠕虫和其他蛙类等，繁殖期进入水中。每年 2～4 月产卵于水质清澈、水流平缓的溪流中，40 天左右可孵出蝌蚪，蝌蚪数量多，但成活至完成变态比例却很低。

知识点

哀牢山

哀牢山，一条位于中国云南省中部的山脉，为云岭向南的延伸，是云贵高原和横断山脉的分界线，也是云江和阿墨江的分水岭。哀牢山走向为西北至东南，北起楚雄市，南抵绿春县，全长约 500 千米，主峰称哀牢山，海拔 3166 米。

→ 延伸阅读

琵蟾的形态特征

头部极宽扁；口大、舌大，后端缺刻深；眼大，眼球虹彩上半约1/3为蓝绿色，下半2/3深棕色，两种色彩的界限截然分明。瞳孔纵置；上颌有齿；胁腺明显，背面皮肤有小细疣粒，构成网状细肤棱；四肢背面多成纵行，指、趾腹面有粗的纵肤棱；胯部多有一月牙形浅色斑。雄蟾上唇缘的角质刺在繁殖期后脱落，仅基部有突起的软组织，以后再角化成刺，每年周期性更替；雌蟾相应部位有橘红色或米色点。

各种角蟾

峨眉角蟾——仅四川出产

峨眉角蟾因仅分布于四川峨眉山而得名。峨眉角蟾体形中等，头顶平坦，吻呈盾形，吻端突出于下颌；吻棱及吻端游离缘均成棱角状，颊部垂直；鼓膜卵圆形，犁骨棱成斜行，后方膨大且具细齿，左右两侧不相连；舌梨状，后端微有缺刻。前肢较粗壮，指端球状，仅第一指的关节下瘤明显；掌突显著。后肢较长，胫跗关节前达眼或略超过，趾端球状；雄性趾侧缘膜窄；无关节下瘤，趾底各趾关节间有厚而深色的肤棱；内蹠突小，卵圆形，无外蹠突。雄性第一及第二指基部有极密集的细小黑刺；有单咽下内声囊，声囊孔长裂形。

峨眉角蟾的皮肤较光滑；背部及四肢上有细肤棱和细痣粒，沿体侧有少数分散的圆疣，背部自眼后到肩后方有"V"形细肤棱，背侧肤棱清晰，颞褶钝角状，上眼睑外缘有垂直的帘状肤褶；近后端有小突起似角状，眼后方及颞部痣粒明显，且具角质小刺。腹面皮肤光滑，胸侧及股后方各有一对浅色圆疣。

峨眉角蟾在生活时颜色变异颇大，一般背面为灰绿色，斑纹为灰棕色。眼间有三角形棕色斑；咽部灰棕色；胸、腹部有不规则的深色斑点。

峨眉角蟾生活在海拔700~1500米的山溪中。4~8月间常可听见鸣叫，黄昏时在流溪石下能闻到阵阵叫声。繁殖季节为 4～6 月，雌性产卵 300～400 粒左右。蝌蚪体浅棕色，口部呈漏斗状，体细长。

峨眉角蟾数量不多，是我国特有珍稀物种之一。能捕食多种林业害虫，应加强保护。

沙坪角蟾——四川西部高山区的特有种

沙坪角蟾仅分布在我国四川西部高山区，是我国的特有珍稀物种之一。该蟾体形大、数量多，雄性体长 77 毫米，雌性 99 毫米左右。头扁平，头长略小于头宽。吻端突出于下唇；颊部略向外倾斜；无鼓膜，有耳柱骨；舌后端微有缺刻；无犁骨齿。前肢较粗壮，后肢胫跗关节前达眼部，左右跟部稍重叠。体背多痣粒，体后有分散圆疣、背部有痣粒组成的肤棱。头部和肩前红棕色或绿黄色；背部为绿灰色；头部三角形斑及背部花斑呈黑褐色；咽部灰棕色；腹部橘黄色并有红色小点。

沙坪角蟾栖息在海拔 2000～3200 米的山溪，常在溪边石下隐蔽。以鞘翅目、鳞翅目、半翅目等昆虫成虫和幼虫为食，对防治林牧业的虫害有一定作用。繁殖季节在 5～8 月。

棘指角蟾——有"V"形肤棱的

棘指角蟾分布在四川、广东和贵州等地。体肥短，头扁平，头长略小于头宽，颊部垂直，吻棱显著。鼓膜为卵圆形。舌犁形后端具缺刻。内鼻孔内侧有"V"形犁骨棱，无齿，末端亦不膨大。体背满布细痣。头侧和上颌缘的痣粒有黑刺；头背部后方有"V"形肤棱，起自眼睑后方。体侧及股后有分散疣粒；胸则有"V"形肤棱，起自眼睑后方。体侧及股后有分散疣粒；胸侧及股后各有一对浅色圆形腺体。

棘指角蟾的腹面皮肤光滑。背面棕褐色，有黑色斑纹。两眼间有一空心倒三角形斑，向后至肩胛部有一黑色"V"形斑；背中部斑纹周围有浅色纹；四肢上黑色横纹隐约可见；体躯腹面有对称云斑。

棘指角蟾栖息在海拔 800～1800 米高度的山谷溪流里，常在溪边草丛中、石块上或岩隙内。与小角蟾的生活环境相同，鸣声相似，但较宏亮而节奏快。繁殖季节在 6～7 月。

淡肩角蟾——肩有半圆形浅棕色斑

淡肩角蟾分布于我国四川、安徽、浙江、江西、福建、广东和广西。雌性个体较大，全长43毫米左右，皮肤较光滑；雄性个体较小，体长36毫米，背与腹侧疣粒较多。繁殖时期在前肢的第1指根部会长出一个瘤状物，这就是婚垫（也称为婚瘤）。

淡肩角蟾，头扁平，头宽与头长基本相等，吻端钝圆，显著突出于下唇，吻棱明显。颊部垂直；鼓膜明显；上凳有齿；舌后端圆；无犁骨棱和犁骨齿。四肢细长。前肢指间无蹼；后肢较长，左右跟部相遇，趾细长；指、趾端圆，趾侧微具缘膜，且基部残存蹼迹；胫跗关节前达眼部。

淡肩角蟾

淡肩角蟾的皮肤比较光滑。背部有小疣粒；颏部有一对白色疣粒；胸部两侧各有一胸疣。体背黄褐色；两眼间黑褐色宽带一直延伸到背部，肩上方形成半圆形浅棕色斑或略带绿色；指趾端肉红色，腹面灰褐色。

淡肩角蟾在我国主要分布在山西、陕西、甘肃、四川、安徽、浙江、江西、湖南、福建、广东、广西等省。一般生活在海拔330米~1600米山区的山溪附近杂草灌木丛生及土质潮湿的碎石隙中。平时活动分散而不易发现，5~6月间成体多栖于溪边杂草丛中，夜间常在小灌木叶上、枯竹竿或沟边石上发出连续10余个短音组成的鸣声，开始音清脆低沉，越叫声调越高。

6~8月为繁殖季节，可产卵200余枚。卵径2.3~2.9毫米，呈乳黄色。蝌蚪全长46毫米，头体长14.5毫米左右；口部漏斗状；尾部多无深色斑，多栖于溪边缓流处石下或碎石间。

大花角蟾——人称"老阿阿"

大花角蟾在我国仅在云南省有分布，被当地人称为"老阿阿"，是我国特有珍稀物种之一。大花角蟾个体较大，雄性体长 90 毫米，雌性 110 毫米左右。头顶部略凹，头宽大于头长。吻钝圆，吻棱明显。颊部垂直。上唇缘有栉齿状疣粒，鼓膜隐蔽。舌大，后端有缺刻。雄蟾有一对内声囊。前肢较短，不到体长的一半，指端圆，无关节下瘤，指底有肤棱，内掌突较发达，第一及第二指上有棕黑色婚垫，无雄性线；后肢长而壮，胫跗关节向前达眼部；趾长、趾端略膨大成球状；趾侧缘膜较宽，具微蹼；无关节下瘤，趾底面有紫灰色肤棱，内蹠突卵圆形，无外蹠突。背面皮肤光滑。体侧有少数圆疣；肛门周围有小疣粒；咽部有许多深色痣粒。

背面皮肤光滑，体侧有少数圆疣；两口角及上臂基部疣较密集，颞褶发达，自眼后平直斜向前肢基部；肛门周围有小疣粒；胸侧有小白腺；有股后腺，不很明显；咽喉部有许多深色小痣粒，腹面其余部位光滑。

生活时背面为紫酱棕色，头后散有不规则的棕红色及灰黄色的斑纹，体侧灰黄色，疣上散有紫棕色斑点；自吻端沿颞褶有一宽深色纹；上下唇缘色深，上唇游离缘有乳白色栉齿状痣粒排列成行。腹面灰黑，咽喉部散有许多黑色小圆斑点，周围镶以浅色边缘；胸腹部的斑点较大，周围有浅色边缘。虹彩金黄散有黑点，其余为棕色，散有红点。

大花角蟾分布在我国云南景东、永德。一般栖居于海拔 2100 米 ~ 2400 米左右草木茂密的山溪缓流处，溪两侧以常绿阔叶林为主，水质清澈，环境阴暗潮湿。当气温在 11℃ ~ 12℃ 及水温 8℃ 左右时，则隐居于溪流石下。捕食多种害虫，对防治森林害虫有一定的作用，应予保护。

小角蟾——分布较广

小角蟾能捕食害虫，是我国特产蟾类。雄蟾体长 32 毫米 ~ 40 毫米，雌蟾为 42 ~ 48 毫米，头扁平，长宽几乎相等。吻短，吻棱显著。颊部垂直，向内凹陷。鼓膜大而圆。无犁骨齿。舌后端圆，多数有缺刻。前肢细，指短粗，指端球状。后肢粗壮，趾细长，有蹼迹。

小角蟾的皮肤光滑，背面橄榄色；眼间有浅色边的黑色三角形斑；四肢有深色横纹；腹面灰白色，腹侧有黑色花斑。

小角蟾主要分布在我国陕西、甘肃、江西、湖南、广东、广西、四川、贵州和云南等省区，生活在海拔 700 ~ 2850 米的山洞溪流附近的草丛中。夏季雨后之夜常连续鸣叫。其蝌蚪一般在 5 ~ 12 月出现，栖息于溪边草根处与碎石隙间，遇到惊扰会迅速藏入石隙。

山角蟾——吻呈棱角状

山角蟾全长 2～10 厘米，吻呈棱角状，突出于下唇，因此得名。上有齿；鼓膜明显；有声囊。背面中间有成群的疣，侧面散布较小的疣，有婚垫和婚刺。背面草绿色，腹面棕褐色。后肢较长，胫腓骨长于股骨。

山角蟾分布于亚洲东南部的亚热带和热带地区，常栖息于山溪边的草丛中、石块下、石缝内或枯枝落叶间。5～8 月为繁殖季节，此期间会发出鸣声。卵一般产于溪流石下。卵大、乳黄色。蝌蚪体形细长，尾肌发达，呈漏斗状，生活在山溪中近岸小碎石间或水草附近，摄食浮游生物，越冬后完成变态。

知识点

浮游生物

浮游生物，在海洋、湖泊及河川等水域的生物中，自身完全没有移动能力，或者有也非常弱，因而不能逆水流而动，而是浮在水面上生活，这类生物总称为浮游生物。这是根据其生活方式的类型而划定的一种生态群，而不是生物种的划分概念。

延伸阅读

角蟾属

角蟾属是角蟾亚科的一属。吻成棱角状，突出于下唇；少数种类吻钝圆，上颌有齿。内掌突扁平，在掌内侧第一指基部。胸侧有一对小白腺，位于腋基部内侧。角蟾广泛分布于亚洲东南部。中国现有 18 种（亚种），主要分布于秦岭以南的亚热带和热带地区。体形大小悬殊，体长 20～110 毫米。成体一般栖息于山溪边的草丛中、石块下、石缝内或枯枝落叶间。繁殖季节发出鸣声。例如，宽头大角蟾声音洪亮，"阿－阿－阿"回旋于山谷中；挂墩角蟾发"呷、呷呷、呷……呷"声，小角蟾的"呷、呷、呷……"声清细悦耳。一般在 5～8 月产卵，有的产卵于溪流石下。本属的蝌蚪与上颌无齿的拟角蟾属的蝌蚪相似，而与同科其他属大不相同。蝌蚪体形细长，尾肌发达，尾长约为头体长的 2 倍。出水孔位于左侧（左出水孔型）。眼位于头部两侧端。肛孔开口在下尾鳍基部中央。一般将角蟾属看作原始的属，但它的蝌蚪何以相当特化，尚待探索。

几种特殊的蟾蜍

中华蟾蜍——在我国分布广泛

中华蟾蜍体长 79～120 毫米，吻端圆而高，吻棱明显；鼓膜显著。前肢长而粗壮；指关节下瘤成对；掌突 2 个，圆形棕色。后肢粗短，胫跗关节达肩部，左右跟部不相遇；趾侧缘膜显著；内蹠突大而长，外蹠小而圆。雄性体略小，皮肤松而色松，瘰粒圆滑，未角质化；前肢粗壮，内侧 3 指基部有黑色婚垫。无声囊，无雄性线。

皮肤极粗糙，背面密布大小不等的圆形瘰粒，雌性瘰疣上有黑色或棕色角质刺；上眼睑及头侧有小疣粒；耳后腺长圆形；胫部大瘰粒显著，体侧瘰粒较小，整个腹面满布疣粒。头部无黑色骨质棱，腹面黑斑极显著。

体色随不同季节及不同性别而有差异。产卵季节前后，雄性背面黑绿色，有时体侧有浅色花斑；雌性背面色浅，瘰粒部深乳黄色，体

中华蟾蜍

侧有黑色与浅色相间的花斑。眼后有黑纹，沿耳后腺斜伸至胯部。腹面乳黄色与棕色或黑色形成花斑，在股基部为椭圆斑，较小的个体椭圆形斑更为显著。

中华蟾蜍日间栖居草丛、石下或土洞中，黄昏时在路旁或草地上出现，冬季匿居在水底烂草内或泥土中冬眠。产卵季节因地而异，一般在 3 ~ 4 月份产卵，卵在管状胶质的卵带内交错排成 4 行，初排出和末段卵带细，其中常只有 1 ~ 2 行卵；卵带缠绕在水草上；每个雌蟾产卵为 2000 ~ 8000 粒。蝌蚪生活在水沟或水坑内，其蝌蚪喜成群朝同一方向游动。

中华蟾蜍广泛分布于我国多个省（区），黑龙江、吉林、辽宁、河北、河南、山西、陕西、内蒙古、甘肃、青海、四川、云南、广西、宁夏、贵州、湖北、安徽、江苏、浙江、江西、湖南、福建、台湾等地。

中华蟾蜍的数量多，体形较大，它们不仅能够防治农作物、草原和森林害虫，也是我国传统动物药——蟾酥的药源，但要合理开发利用，不能乱捕滥捉。

宽头短腿蟾——头宽腿短

宽头短腿蟾由于有特别宽的头和短的后肢而得名，上眼睑着生有锥状突起，头宽体粗且背腹扁平。吻圆；吻棱钝而显著；眼小；鼓膜隐于皮下，长而窄，耳柱骨存在；颞褶粗而弯曲；犁骨齿两小团，左右间距宽；舌宽圆，后端微缺。

前肢粗壮。指长呈棒状，端部圆；无关节下瘤；第一指基部膨大；内掌突椭圆，无外掌突。后肢粗短，左右跟部不相遇；足、胫几乎等长；无关节下瘤；趾侧具缘膜，仅在趾基部有微蹼或蹼迹；内蹠突长圆而隆起明显；无外蹠突。

通身背面皮肤光滑而坚韧，有少数小圆疣分布在体背面及四肢背面。上眼睑外缘有长短粗细各异的锥状突。肛孔附近小疣较多。咽部皮肤粗糙，布有较多小疣。腹部后端疣粒稍大。

生活时背面呈浅棕或灰棕或红棕或为紫棕色。背上有不规则亦不清晰的黑褐色点状或彼此相连的斑纹。雄蟾有一对内声囊；第一指有棕色婚垫。

蝌蚪出水管位于左侧近腹部处。尾长，尾肌强壮，上下尾鳍起自尾基部。体背棕色，腹面有 3 条紫色规则横纹，腹末端斑纹不规则。

宽头短腿蟾在云南分布较广，喜在阴森而又潮湿的常绿阔叶林中离水较远的无水冲沟中或山溪浅水处的石下，繁殖季节 5～6 月，卵产于山溪浅水沟中没于水的石块下。

最警觉的东方铃蟾

东方铃蟾被德国人称为警蛙，因为它在受到惊扰时会举起前肢，头和后腿拱起过背，形成弓形，腹部呈现出醒目的色彩。这种对险情的反应（预感反射），可能是向捕食者暗示它的皮肤有毒。

东方铃蟾体形中等，较扁平。吻略圆，无吻棱；无鼓膜；犁骨齿为两小簇，略成椭圆形，横置于内鼻孔内侧后方，左右几乎相遇；舌呈盘状，周围与口腔粘膜相连。指端圆，基部具微蹼而无缘膜；无关节下瘤；内外掌突显著。后肢短，胫跗关节达肩部，左右跟部不相遇，雄性趾间为全蹼，雌性的蹼略小，蹼缺刻深。雄蟾无声囊。

东方铃蟾的皮肤很粗糙，头上、背部及四肢背面布满大小不等的刺疣，疣顶部色浅，中央有黑刺；体侧下方疣小而少或阙如。咽喉部及胸部有少数小刺粒，其余部分光滑。体背布满大小不等的刺疣，无大瘰粒；腹面有橘红或橘黄色与黑色小花斑。雄性胸部无刺团，有分散刺疣。

生活时一般为灰棕色，肩部有显著的绿色花斑，有时背部为绿色，上面有不规则的黑色斑点；上下颌及四肢背面有黑色花斑。咽喉部、腹部及四肢腹面都有黑色与橘红色或橘黄色鲜明花斑。如果受到惊扰，就会将手足翻起，在背面就可以看到醒目的"警戒色"。

东方铃蟾分布于俄罗斯、日本、朝鲜；在我国主要分布于吉林、辽宁、黑龙江、河北、山东、江苏等地。它们喜居于小山溪内的石下；产卵季节在 5～7 月份，每次产卵约百余枚；卵多成群地或单个地贴附在山溪的石块下，或贴在山溪水坑内的植物上，卵外有胶质囊两层。蝌蚪生活在山溪水坑内；体笨重，尾短弱。头部色较浅，尾部色更浅且有不规则的花斑。

黑眶蟾蜍——长着黑眼眶

体较大，雄蟾体长平均 63 毫米，雌蟾为 96 毫米。头部吻至上眼睑内缘有黑色骨质脊棱。头顶部显著下凹，皮肤与头骨紧密相连；上下颌有黑色线纹；鼓膜大，椭圆形。前肢细长，指端圆，黑色；关节下瘤为棕色且多成对；外掌突大，内掌突略小，都是黑棕色。后肢短，左右跟部不相遇，趾扁，趾侧有缘膜，基部相连成半蹼，在蹼及缘膜的边缘上有成行的棕黑色角质刺，关节下瘤不明显；内外蹠突色黑，均较小。雄性有单咽下内声囊（声囊是紫黑色），声囊孔多在右侧，长裂形：第一及第二指基部内侧有黑色婚垫，无雄性线。

黑眶蟾蜍的皮肤极粗糙，除头顶部外，其余部位布满大小不等的疣粒；上眼睑疣小密集；耳后腺较大，长椭圆形，不紧接上眼睑；背中线两侧各有一纵行排列规则的大圆疣；四肢上疣小，一直分布到指趾的背腹面。腹面密布小疣粒。所有的疣上都有黑棕色的角质刺。

生活时体色变异颇大，一般为黄棕色略具不规则的棕红色花斑，腹面胸腹部乳黄色上有深灰色花斑。

黑眶蟾蜍在国内分布于宁夏、四川、云南、贵州、浙江、江西、湖南、福建、台湾、广东、广西、海南；在国外分布于南亚、中南半岛及东南亚。白天多隐蔽在土洞或墙缝中，晚上常匍匐在平阔的小河滩上或塘边，不时地发出"呵呵呵"连续的叫声。产卵季节因地而异，多在春季，在爪哇终年产卵，在广州于2~3月间产卵，在云南西双版纳于4~5月产卵，在海南岛于11~12月产卵。卵带内有卵两行，受精后3日孵出。

黑眶蟾蜍不但能消灭大量田间有害昆虫，并且能防除蚁害。皮肤腺分泌物经加工后可制成蟾酥，一般多用耳后腺上的分泌物。蟾酥可内服或外用，能解毒止痛，制作方法和药效同中华蟾蜍，应禁止乱捕黑眶蟾蜍。

知识点

西双版纳

西双版纳傣族自治州，位于中华人民共和国云南省西南端，是云南省下辖的一个自治州。西双版纳，古代傣语为"勐巴拉那西"，意思是"理想而神奇的乐土"，这里以神奇的热带雨林自然景观和少数民族风情而闻名于世，是中国的热点旅游城市之一。每年的泼水节于4月中旬举行，吸引了众多国内外的游客参与。

延伸阅读

欧美大蟾蜍

　　欧美大蟾蜍以前主要分布于欧洲中部等地，现已引入美国、菲律宾和其他地区。欧美大蟾蜍体长达 10 厘米以上，身体肥胖，四肢短，步态及足跳姿势具特征性。背部皮肤厚而干燥，通常有疣，呈黑绿色，常有褐色花斑。上、下颌均无齿，无声囊。趾间具蹼。毒腺在背部的疣内，主要集中在突出于两眼后的耳后腺内，受惊后腺分泌或射出毒液。白天多栖息于泥穴或石下、草丛内，夜晚出来捕食昆虫。成体冬天多在水底泥内冬眠。干旱季节，多呆在洞内。早春在水中繁殖，可迁移至 1.5 千米外或更远的适合繁殖的池塘。卵产在两条长形冻胶状管内，每次产卵 600 ~ 30 000 个。数天后蝌蚪即可孵出，1 ~ 3 个月后发育为成蟾。欧美大蟾蜍常作为实验动物。耳后腺和皮肤腺的白色分泌物可制成"蟾酥"，可治疗多种疾病。

鲵　类

本章主要介绍两栖纲有尾目隐鳃鲵科和小鲵科中的常见鲵类。隐鳃鲵科有 2 属 3 种，包括美洲大鲵、中国大鲵和日本大鲵，它们终生生活在活水中，成体仍然保持鳃裂，体侧有皮肤褶皱以增加皮肤面积；小鲵科动物的体形很小，身长不超过 25 厘米。按生活方式的不同可分为两大类群，一类为陆栖，包括小鲵、极北鲵、爪鲵等，生活于林间潮湿的地面，仅在繁殖期回到溪流中；另一类为水栖，包括山溪鲵、北鲵等，多生活在寒冷的山溪中，不远离水源。

大鲵

大鲵又叫娃娃鱼，虽有"鱼"之名，却不是鱼。它的样子很古怪，头扁而阔，眼睛很小，皮肤润滑，没有鳞片，背上有成对的疣瘤，从颈部到体侧都有皮肤褶，腹面颜色比较淡；四肢很短；前肢 4 指，后肢 5 趾，四只脚又短又胖；皮肤上腺体发达，当受到刺激的时候这些腺体就会分泌白浆状黏液。大鲵口大，上下颌上有细小的牙齿。一般有棕色、红棕色和黑棕色三种体色。因为它的叫声像婴儿啼哭，所以俗称娃娃鱼。大鲵身体扁平，外形与鲶鱼很相似，无怪人们认为它是鱼。

大鲵一般栖息在海拔 100～1200 米的清澈山谷溪水中，昼伏夜出，以鱼、蛙、虾等为食。由于身体笨拙，游得不快，所以捕食时不是依靠追捕方式，而是靠隐蔽和突然袭击的技巧。首先，它有一身很好的保护色，与溪流中的卵石或河床下的沙石很相配。当它静静地伏卧在自己的洞口或石头下边时，往往不被往来游动的鱼、蟹等动物发现。等到猎物临近，它便来个猛烈突击，张开大口，连吸带吞。由于口中牙齿又尖又密，猎物很难逃掉，它咬住人也是不松口的。由于新陈代谢缓慢，缺少食物时，大鲵也很耐饥，有时甚至二三年不进食也不会饿死。

大鲵虽然是水温很低的山溪中的动物，不怕冷，但它也有冬眠的习性。每年由初冬到来年开春，约有四五个月是卧在洞内冬眠的。这期间它可以不吃不动，但受袭击时仍有反应。4月份它出洞后，努力增加食量，以弥补冬眠时身体的亏空，这是一种既善于忍饥耐寒，又能暴食暴饮的动物。

大鲵一般在5~8月产卵，体外受精，卵球形，由胶带包裹，呈念珠状。它的繁殖很有趣，产卵前先由雄鲵用头、足和尾把"产房"清扫干净后，雌鲵才进去。产卵多在夜间进行，一次可产数百枚。雌鲵产完卵后就算完成任务而溜走，卵由雄鲵负责监护。

雄鲵的确是位很负责任的父亲，它常把身体弯曲成半圆形，将卵围住，或把卵带缠绕在身上，以防被水冲走和敌害的侵袭，直到孵出的幼鲵能分散独立生活后才离开。大鲵的生长期非常长，3年后才长到20厘米长、100克重，因此一只小鲵长成成体，是一件非常不容易的事。大鲵在两栖类中体形是最大的一种，可长到2米左右，最重可达50多千克。

大鲵分布于我国的山西、陕西、河南、四川、浙江、湖南、福建、广东、广西、云南、贵州等地，日本本州南部及四国、九州也有。我国有吃大鲵肉的习惯，所以资源受到严重破坏，大鲵已被列为国家二级保护动物。

生活在美洲的大型鲵类——三趾两栖鲵主要分布在美国东南部地区，体长60厘米~75厘米，最大者达1米。生活在低凹沼泽地、池

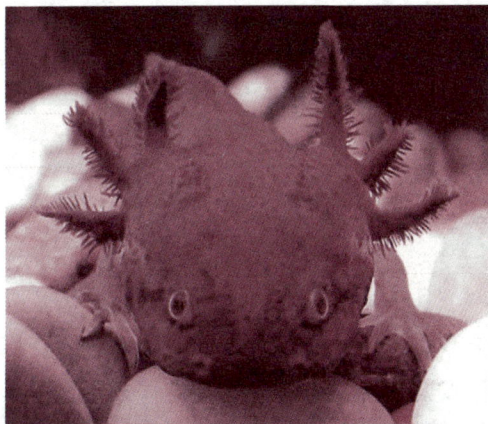

三趾两栖鲵

塘或浅水沟内，几乎完全水栖。永久性幼体，有较多的幼态性状。眼小，无眼睑，有一对鳃孔。四肢极细弱而短小，具3趾。腭强健，齿锐利。以昆虫、软体动物、小鱼、蛙和小蛇为食。白天隐匿，黄昏后较为活跃。

1~5月为繁殖期，雄鲵在水中将精包直接送到雌鲵的泄殖腔内，体内受精。卵大，在长形的卵胶带内呈链珠状。一般卵产在低凹处的树根、倒木下或潮湿的地方。每次约产卵150~350粒，卵在水中发育，雌鲵有护卵习性。刚孵化出的幼鲵具外鳃和四肢，全长可达6~7.5厘米，幼鲵借雨水的冲刷或雨后水位的升高而进入水中。雌鲵第四年达性成熟。在人工饲养条件下可存活25年。

知识点

泄殖腔

泄殖腔也叫共泄腔，动物的消化管、输尿管和生殖管最末端汇合处的空腔，有排粪、尿和生殖等功能。蛔虫、轮虫、部分软骨鱼及两栖类、单孔类哺乳动物、鸟类和爬行类都具有这种器官，而圆口类、全头类（银鲛）、硬骨鱼和有胎盘哺乳类则是肠管单独以肛门开口于外，排泄与生殖管道汇入泄殖窦，以泄殖孔开口体外。

延伸阅读

日本大鲵

日本大鲵在本州到岐阜西部，还有四国和九州的局部地区都有分布，主要分布在山区的河流中，如中部山脉、岐阜、三重和大分等。日本大鲵是一种水生以及习惯于夜间活动的两栖动物，在颜色上通常是暗棕色中间夹杂着黑色色斑。它们有着扁平的身躯，宽大的头部，短小的四肢和细小的眼睛，在其头部还有很多疣突。成体全长为100厘米左右，头扁平，眼小，体侧有显著的纵行皮肤褶。本种形态上与中国大鲵非常相似，其主要差异是日本大鲵头部背腹面疣粒为单枚，且大而多，尾稍短。

小 鲵

爪鲵——有黑色角质爪

爪鲵分布于我国辽宁、吉林的很小范围内，国外见于朝鲜与俄罗斯远东地区。它是我国罕见的有尾两栖类动物，与其他小鲵科动物的根本区别是指（趾）端具黑色的角质爪，这在两栖类动物中是不多见的。

成鲵体形细长，雄性全长 154～181 毫米，雌鲵 164～178 毫米，最大全长可达 150 毫米以上，头较扁平，近椭圆形，无唇褶，犁骨齿列较长呈"M"形，每侧有齿 13～19 枚；前颌骨和鼻骨间囟门大而圆；鼻孔近吻端，鼻间距小于眼间距，眼大，凸出于头侧上方，上眼睑发达，两眼后略向下方各有一个较大的卵圆形突起，是外鳃消失后形成的"耳腺"。

爪鲵的皮肤光滑，颈褶清晰，从眼后至颈褶外侧有一浅纵凹痕，在口角后端凹痕弯向下方。头部背面呈茶褐色，散有不规则细小黑斑，吻棱下方色深。体背棕褐色或淡橄榄褐色，散有均匀褐色斑，体侧淡褐；腹面污白色，沿下颌缘有少数暗色斑；尾背黄色，全身密布不规则的深色云斑。躯干呈圆柱状，尾长大于头体长而侧扁，尾端侧扁，体侧腋胯间有 14～15 条肋沟，前后肢贴体相对时，指、趾末端相遇，指 4，趾 5，内侧指、趾较短，末端均具有黑爪，这是其他鲵类不具备的，爪鲵也因此得名。雄性在繁殖期间后肢很宽大。

爪鲵喜欢栖息在海拔 1000 米以上的山木郁郁、杂草丛生、较陡的山溪中以及水清澈、水温低的环境，在水中游泳靠尾部摆动，成体经常伏在苔藓或石头下面。爪鲵以其爪紧攀着岸壁或其他固着物。因为没有肺，不能长时间远离水域。

成鲵以陆栖为主，多昼伏夜出，黄昏雨后活动频繁，常以爪攀登岩壁；多夜晚出来觅食，夜间在阴湿草丛中觅食。食物包括蛞蝓、蜗牛、蚯蚓、蜘蛛、马陆、鞘翅目、直翅目和水栖昆虫及其幼虫，还有蝌蚪，甚至吃同种的卵。成鲵大约一周左右蜕皮一次，蜕皮时先从吻部开始，然后靠游泳和不停爬动将皮向后翻卷，直至尾部。每次蜕皮约需 1~2 小时，蜕下的皮很完整，很像脱掉的乳胶指套。

5 月初至 6 月是爪鲵的繁殖期，它们在夜间进行产卵。在溪边可发现成纺锤状的卵胶囊，一端固着在溪边枯草、树枝或岩石上，一端悬于水中。卵胶囊长度不等，一般多为 21~28 毫米，卵胶囊直径 6~10 毫米。卵椭圆状，直径为 3.5~5.0 毫米左右，呈淡黄色，表面不光滑，遍布水泡状小颗粒。产卵数与个体大小无显著区别，多数个体左右卵胶囊内的卵数不等，有 16~20 粒卵。爪鲵的幼体吻部扁宽，头两侧具 3 对羽状外鳃，约需 3 年才能完成变态，喜吞食蛞蝓、蜗牛、鞘翅目、直翅目等有害昆虫，且不分昼夜采食，采食频率高于成体。

和多数两栖动物一样，爪鲵也会冬眠，从每年的 9 月下旬至 10 月上旬开始，一直到第二年 4 月初结束。冬眠前，它们在夜间集群向下游深水处迁移，然后单独蛰伏于各个石块下开始冬眠。日本把爪鲵作为驱虫药，还可止小儿呕吐。爪鲵捕食的昆虫中，有许多害虫，对森林虫害有一定防治作用。

巴鲵——狗头"娃娃鱼"

巴鲵是一种终生水栖的两栖动物，性格比较温顺，分布在我国河南商城、陕西平利、重庆巫山、四川万源、湖北神农架、堵河源、巴东、宜昌等地，国外见于朝鲜和日本。

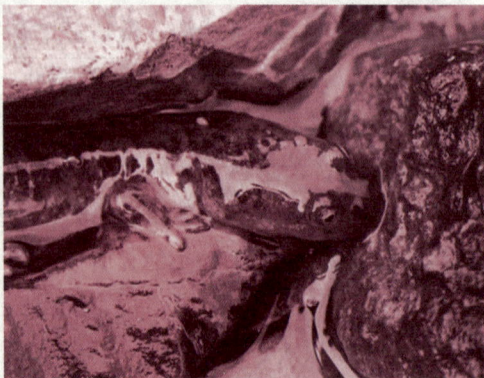

巴鲵

巴鲵体形较大，体长约 9~16 厘米，尾长约等于头体长，头部有点像狗头。头长略大于头宽，唇褶发达；犁骨齿位于内鼻孔间略呈"八"形的两列，其前端超出内鼻孔甚多，在幼体的变态过程中，随着犁骨的生长，其上的犁骨齿前部向内侧弯成直角或锐角；有前颌囟且较大；眼小，有眼睑；泪骨入外鼻孔；前颌骨与上颌骨弯似梯形；舌基软骨具突起；有尾肋。口裂宽，有两行细齿，舌较窄，长椭圆形；颔部有纵肤褶。躯干浑圆，背脊线下凹，尾短而侧扁颈褶略呈弧形；指4，趾5，掌、蹠底部及指、趾末端均有角质鞘；皮肤光滑，肋沟11条；体背部深黑色，有黑褐色或浅色大斑，腹面乳黄，有黑褐色细斑点，全身有银白色斑点。用肺呼吸兼用皮肤呼吸。巴鲵的卵胶囊较短，不及成体长；产卵数也少，卵大，多数排列成单行。

安吉小鲵——我国的特有物种

安吉小鲵是我国特有的两栖动物，目前仅见于浙江省安吉县龙王山自然保护区。它的体形较大，全长153～166毫米，尾长占头体长的90%以上。头扁平，吻宽圆，舌大，椭圆形，几乎占满口腔底部；鼻孔近吻端，鼻间距等于或小于眼间距；眼背侧位，突出呈球状，瞳孔圆形；无唇褶，颈褶明显；上下颌具细齿；犁骨齿列"V"形。体表光滑，躯干粗壮，背中央脊线明显下凹，腹部略平扁，泄殖肛孔纵裂；体侧肋沟13条，环体腹面11～12条。前肢4指，后肢5趾，指趾间没有角质壳和蹼，掌蹠突出显著，前后肢贴体相向，指趾超越2～3肋沟。生活时背面暗褐或棕褐色，腹面灰褐色，体表无任何色斑。

安吉小鲵为卵生，12月到第二年3月为繁殖期，成鲵多栖息于水坑内，产出一对卵胶囊于净水坑中，长460～580毫米，中段直径32～37毫米，卷曲呈3圈，两端较细；两胶囊基端相连并粘附于水生植物上，水中枯枝落叶上，或水底石块上，游离端浮于水中。每个卵胶囊含卵47～90粒，在胶囊内排列不规则；卵球形，径3.5毫米，各卵外包以卵胶膜，动物极黑色，植物极灰白色。每个雌鲵可以产卵96～174枚。幼体在水坑内生长，以多种昆虫为食。

安吉小鲵生活在海拔1300米的山顶沟谷间的沼泽地带，周围植被比较繁茂，地面有近水水坑，水深50～100厘米。一般栖息于陆地苔藓下的腐殖层中，仅繁殖期进入水中配对产卵。成鲵主要以蜻蜓幼虫、小型龙虱、蚯蚓等小型动物为食。

中国小鲵——研究古生物进化史的"金钥匙"

中国小鲵是有着三亿年历史、与恐龙同处一个发展时代的古老物种，被生物学家誉为研究古生物进化史的"金钥匙"。现在，中国小鲵是我国特有的种类，分布于湖北、浙江、福建湖南。

身体全长 83~155 毫米，尾短于头体长。皮肤平滑；颈褶不显著。背面为均匀一致的角黑色；腹面浅褐色，散以深色斑。头长大于头宽，吻端圆；眼背侧位，瞳孔圆形；鼻孔略近吻端，鼻间距略大于或等于眼间距；无唇褶，有喉褶；犁骨齿列较短，呈"V"形，内外枝交角略超出内鼻孔前缘，内枝在后端靠近但不相连接。躯干粗短而略呈圆柱形，体侧肋沟 10~12 条。四肢较长，贴体相向时指趾相遇，四指五趾较平扁，游离无蹼，掌蹠指趾均无角质鞘。尾基部略圆，往后侧扁，末端刀片状。

中国小鲵一般栖息于丘陵或低山。非繁殖季节营陆栖生活，平时多隐藏于潮湿疏松泥土、腐叶层或石块下方，常可从耕地下或腐枝烂叶中挖出。靠肺和湿润的皮肤交换空气呼吸，离开水面陆栖时不敢离水源太远。阴雨天或傍晚到地表活动，摄食蚯蚓、昆虫或其他节肢动物及其幼虫。

在浙江萧山，中国小鲵于 11 月底到翌年 2 月中旬产卵，在浙江义乌于 1 月初开始产卵，可延续到 2、3 月。产卵于水深几十厘米、多杂草的小水塘中，卵胶囊长 150~170 毫米，中部直径 23~27 毫米，成对卵胶囊以基端的柄粘附于水草或水下石块上，每条卵胶囊含卵 33~66 粒，卵径 2.5~3 毫米。孵化期 40 天左右，幼体有互相吞食的现象。

中国小鲵在我国的数量非常少。1889 年，一个外国人最早在湖北宜昌发现了这种小动物，定名为"中国小鲵"。上世纪 30 年代，又有人在福建、浙江和湖南发现过"中国小鲵"，尔后便销声匿迹。由于濒临灭绝，1986 年中国小鲵与国宝大熊猫一起被列入《中国濒危动物红皮书》。

东北小鲵

东北小鲵主要分布在我国东北三省，又被叫做水麻蛇子、小娃娃鱼、水蛇子、乌鱼等等。雄体全长 85~141 毫米，雌体全长 86~142 毫米。头部扁平，头长大于头宽；吻端钝圆，口裂达眼后，无纯褶，犁骨齿呈"〰"形；没有前颌囟和唇褶。尾短于头体长；尾背鳍褶明显；后肢略较前肢粗壮，指 4，趾 5，指、趾扁平，末端圆钝无爪，内侧掌、蹠突显著，体侧有肋沟 11~13 条。前后肢贴体相对时，指趾间相距一个肋沟；肛门纵裂，肛周隆起。

身体呈暗灰色或灰褐色，皮肤光滑，富有腺体。头及体侧色较淡，密布有较均匀的黑色斑点；尾前部斑点细密，向后逐渐变黑；体腹面浅灰褐色或污白色，有不明显的细密花斑。

东北小鲵主要生活在丘陵山地，栖息在陆地上阴暗潮湿的石缝、土穴及洼地边的枯枝落叶下，昼伏夜出，雨天出外活动多，主要以昆虫、软体动物及沟虾等为食。4月中旬开始产卵，繁殖期一个月左右。卵胶囊产在水中，雌鲵同时产出两条卵胶囊，初产出的黏液形成"柄"，固着在石上或植物茎秆上。当雌鲵产出一段卵胶囊后，一条或多条雄鲵迅速游近雌鲵并用四肢紧抱卵袋或用嘴衔住卵袋往外拉，同时雄鲵排出精液，使卵受精，卵袋另一端游离在水中。

东北小鲵可捕食多种昆虫的幼虫和成虫，如蛾类、黏虫、蛆、虾类、蛞蝓等，其中有些种类属有害动物，对防治害虫有一定作用。

义乌小鲵——浙江的稀有两栖动物

1985年，"义乌小鲵"首次在义乌的深山中被发现，因为它的长相跟娃娃鱼极为相似，但又无法确定它的名称，当时专家就以"义乌小鲵"命名。

义乌小鲵就是缩小版的娃娃鱼，身体全长只有99～115毫米。头部呈卵圆形，躯干圆柱状，尾基略圆，末端侧扁。后肢较前肢粗，指、趾略扁，肛孔纵裂。皮肤光滑润湿，头顶有椭圆凹痕，肋沟10条。它们身体背面是黑褐色，散布着漂亮的银白色斑点，腹面灰白体。

义乌小鲵生活在海拔100～200米有潮湿疏松的泥石或烂枝叶的丘陵山地或坡地。每年10月下旬进入繁殖季节时，它们陆续爬入坑塘或溪沟。12月中旬至第二年2月产卵，产卵后它们就离开溪沟继续营陆地生活。卵在8℃～10℃水温中，40天左右孵化成幼体，约3个月完成变态。

现在，义乌小鲵只在浙江省的镇海、义乌、温岭、江山、舟山地区可以见到，它们的数量已经非常少，我们应该好好地保护这种稀有的两栖动物。

知识点

鞘翅目

鞘翅目通称甲虫，属有翅亚纲、全变态类。具如下特点：体形大小差异甚大，体壁坚硬；口器咀嚼式；触角形状多样，10～11节；前胸发达，中胸小盾片外露；前翅为角质硬化的鞘翅，后翅膜质；幼虫为寡足型，少数为无足型等。全世界已知约33万种，中国已知约7000种。该目是昆虫纲中乃至动物界种类最多、分布最广的第一大目。

延伸阅读

商城肥鲵——我国特有

　　商城肥鲵主要分布于我国河南的商城、安徽的金寨、霍山、湖北的阴山等地。雄鲵全长150～184毫米，雌鲵157～176毫米，体形明显肥壮。皮肤光滑，头顶有不明显的"V"形嵴；眼后有一细纵沟达颈褶；头后至尾背鳍褶起始处有一浅脊沟；有13条肋沟。头长大于头宽，有唇褶，较弱；犁骨齿两短列，呈倒八形，近内鼻孔内侧，无囟门；上颌骨与翼骨相连接，鳞骨内侧显著隆起。躯干粗壮，皮肤光滑；四肢短弱，前后肢贴体相对时，指、趾端相距3～5条肋沟，掌、跖部无角质鞘；指4，趾5。尾短于头体长，尾鳍褶发达。身体背面深褐色，体侧色稍浅，腹面灰褐色或灰白色，刚变态的亚成体在体侧和尾侧有分散小白点。生活在海拔380～1100米的山溪内。白天成体以水栖为主，多隐于缓流水凼内石块下或在石块上爬行，受惊后常迅速钻入石下或石缝中，有时也到水塘的上段流水内觅食。以水生小型动物为食，捕食多种昆虫的幼虫。商城肥鲵的肉可食用，但肥鲵是我国的特有种，其分布区域较狭窄，数量不多，是我国珍稀两栖动物之一。

山溪鲵

　　生活在高原上的山溪鲵，又被叫做白龙。身体全长25厘米左右，头部略扁平；鼻孔近吻端；颞部肥硕；上唇褶极发达。犁骨齿两小簇，位于内鼻孔内侧，左右侧间距较宽，每侧4～6枚小齿。舌为椭圆形，两侧游离。眼睛大而且有眼睑。

躯干圆柱状，肋沟大多为 12 条，少数为 11 条或 13 条。指、趾各 4，无蹼；前后肢贴体相对时，指趾末端重叠或相隔 1～2 肋褶；雄性腋胯距较短。肛裂较短，雄性多呈"Y"形；雌性则为一短纵裂。皮肤光滑，颈褶清晰；眼后至颈褶外侧有一纵浅凹痕，沿口角后端有一条凹痕向下弯。生活时背面一般为青褐色或橄榄绿色，散有细黑麻斑或色一致；腹面色浅。

山溪鲵栖息在我国西部的四川和云南、阿富汗及伊朗海拔 1500～4000 米水质清澈、水温低的山溪里，一般水温为 8℃左右，较少到陆地上活动，主要以虾、水生昆虫、水藻等为食。

5～7 月是山溪鲵的繁殖季，它们在山溪内或溪流尽头处产卵繁殖，卵胶囊两两成对，一端粘在石块下或枯枝上，另一端游离；卵胶囊呈透明状，表面有细纵纹；16 粒卵单行排列在卵胶囊内，卵胶囊长 10 厘米左右，大的可长达 20 厘米以上，有保护卵的习性，孵卵期约 3 个月。

山溪鲵可以作药用，商品名为羌活鱼，川西一带收购量很大，有续断接骨、行气止痛的功效，主治跌打损伤、骨折、肝胃气痛、血虚脾弱、面色萎黄等症，此外还可食用。由于山溪鲵既可入药，又可食用，某些地区捕捉量甚大，资源破坏严重，应采取措施加以保护。

西藏山溪鲵是一种适应高原或高山冷溪性的有尾两栖动物，地方名有杉木鱼、羌活鱼、娃娃鱼、山辣子等等。雄鲵全长 175～211 毫米，雌鲵 170～197 毫米。头部较扁平，吻短，吻棱不明显，上唇褶极发达，下唇褶弱；犁骨齿列短，左右间距宽，呈"/\"形，每侧有小齿 4～6 枚；前颌骨间有囟门；舌大，长椭圆

西藏山溪鲵

形，两侧略游离；成体颈侧无鳃孔；四肢适中，体侧通常有 12 条肋沟，前后肢贴体相对时，指、趾端相距 1～2 条肋沟；指、趾各 4，末端扁平，基部无蹼，内外掌突显著或略显；指、趾末端角质化极强，色黑；掌、蹠部无角质鞘。

躯干浑圆或略扁平，皮肤光滑，头侧有凹陷，起自眼后，一端在颞部向后

纵行，一端在口角后端向下弯曲，与口角处的短肤棱相交；咽喉部有纵肤褶，颈褶弧形；脊沟不显。体背面深灰色或橄榄灰色，无斑或有细麻斑；腹面色略浅。

在我国，西藏山溪鲵主产于四川阿坝州和甘孜州各县，还产于甘肃、青海、陕西、西藏等省（区）。它们生活在海拔1500～4250米的高原或高山高寒地区的流溪内，或者栖息于泉水石滩及其下游溪沟内，溪内一般石块较多。成鲵以水栖生活为主，白天多隐于溪内石块下或倒木下，有时也栖于朽木下或上岸爬行，行动缓慢，易于捕捉，但由于体表光滑且黏液甚多，在捕捉时常常不易捉住而滑脱逃逸。幼体和变态后的幼鲵多在小溪上游，特别是近源处较多。

繁殖期为5～7月，雌鲵产卵胶囊一对，在近源处或小溪岸边石下较为常见，固着在石块或倒木底下，袋内有卵16～25粒。成鲵主要以虾类及溪流中的水生昆虫等为食。

西藏山溪鲵也可以入药，其名为"羌活鱼"或"杉木鱼"，能行气止痛，治肝胃气痛及血虚脾弱、面色萎黄等症。此外，也可食用。本种主产于四川甘孜和阿坝两州，资源丰富。但是多年来由于长期捕捉和收购，其资源量大大减少，有的地区已经难以找到。

知识点

四川阿坝州

阿坝藏族羌族自治州地处青藏高原东南缘，横断山脉北端与川西北高山峡谷的接合部，位于四川省西北部，紧邻成都平原。人口84万（2006），其中藏族占52.3%，羌族占17.7%，回族占3.2%，汉族占26.6%，其他民族占0.2%。这里地形地貌复杂，保留了世界上别的地方早已绝迹的动植物资源，如熊猫、珙桐等活化石；保留了在工业文明中难以找到的静谧、古朴的自然景观，如九寨沟、黄龙等世界自然遗产。

SHUILU LIANGXI DONGWU ZHI DUOSHAO

延伸阅读

山溪鲵属

　　山溪鲵属是小鲵科的一属，体全长一般在 250 毫米以下。头扁平，有眼睑，犁骨齿呈"八"形，略近犁骨后半段。唇褶发达；有颈褶，躯干和尾基部圆柱状；指、趾各 4 个。1870 年首次发现于四川宝兴县，世界已知有 6 种。中国有 4 种，分布范围大致在北纬 27°～35°，东经 98°～107°之间；阿富汗一种，伊朗一种，分布范围大致在北纬 34°～38°，东经 48°～70°之间。在西藏高原东侧（西藏东部、云南北部、四川西部、青海东南部以及甘肃南部）和西侧（阿富汗的喀布尔和伊朗北部）呈断裂分布。

北　鲵

新疆北鲵——伊犁特产

　　新疆北鲵又叫水四脚蛇，是新疆惟一存活下来的有尾两栖动物，也是距今 3 亿～4 亿年前最原始的两栖动物物种之一。新疆北鲵只分布于中国新疆和哈萨克斯坦两国的界山——阿拉套山和天山的局部泉涌地区。栖息地极度狭窄，中心地带约为 500 平方千米，数量稀少，分布面积狭窄，这在动物界极为罕见。

　　新疆北鲵，头扁平，头长大于头宽。尾基圆，向后极侧扁。吻宽圆，鼻孔位于吻侧。上唇后部有显著的唇褶，犁骨齿两短弧形，位于内鼻孔之间；前后肢贴体相对时，指、趾重叠；指、趾扁而宽，仅基部具蹼；指 4，趾 5，掌、蹠部无角质鞘，内外蹠突明显或外蹠突不明显。尾长略大于头体长；尾部向下方略呈弯曲状，背鳍褶不发达，无腹鳍褶。

　　皮肤光滑有光泽，体背面有痣粒，尾部有细小疣粒。颞部和枕部上方有 5条纵行肤沟，体侧有助沟 12～13 条，并延伸至腹部；口角后缘有一个大而扁平的隆起似耳后腺；颈褶明显；体侧在前后肢之间有一纵行肤褶。生活时体灰

新疆北鲵

绿色。卵鞘袋黏滑而致密，呈纺锤形。

我国的新疆北鲵栖息于新疆温泉县境内，仅生活在海拔2100米～3200米的高山泉水小溪、湖泊浅水处，溪内多为石底、急流，有瀑布，水清澈。新疆北鲵昼伏夜出，白天在日落之前，一般隐蔽在水底石头下；夜晚，从石头下面出来在水底游泳或爬行，以水生昆虫为食，有的还捕食小虾。

新疆北鲵的繁殖季节在6月初至7月初，其配对行为是雄鲵先产出精包附着在流溪中的石块底面，然后雌鲵产出卵鞘袋也附着在同一石块下，并行体外受精。每一雌鲵产出2条卵鞘袋，共产卵50粒左右。

极北鲵——小"娃娃鱼"

极北鲵在我国黑龙江、吉林、辽宁、内蒙古、河南有分布。国外分布在俄罗斯、蒙古、朝鲜及日本。它们都很小，即使成年也不比一支钢笔长（一般115～123毫米）。

极北鲵的头部扁平，吻端圆而高，吻棱不显；眼睛大，眼径约与吻或眼间距等长或略大；唇缘齐平，无唇褶；犁骨齿"∨"形；舌大，几乎占全部口腔底，舌两侧游离。颈褶清晰；眼后角至颞部有一浅纵凹痕，在口角后方凹痕分枝向下弯。躯干圆柱状，13～14条肋沟，通达腹面。尾巴侧扁而短。前后肢贴体相对时，指趾末端相隔两三条肋沟；外侧指、趾均极短小，没有蹼。雄鲵肛部肥肿，肛裂多呈"个"状。

极北鲵皮肤滑润，因为要用皮肤呼吸，皮肤的颜色是褐色，头与背正中有橄榄色纵纹；背脊中部黑纵纹若断若续；眼后至尾两侧有黑褐色纵纹，腹面浅灰色。

极北鲵喜欢栖息在潮湿的环境中，大多在沼泽地带的烂草丛下、翻耕过的泥土或洞穴中；营陆地生活，昼伏夜出，黄昏或雨后出来觅食，吞吃昆虫、软体动物、蚯蚓及泥鳅等；在 7 月中午炎热时，多匿居在洞穴深处；10 月间霜期开始冬眠，次年 4 月上旬结束，陆续爬到附近静水池中进行繁殖。繁殖季节为 4～5 月，产卵后返回陆地。产卵多在夜间进行；每尾同时产出两条圆筒状胶质卵胶囊，每个卵胶囊内有卵 150～200 枚，卵胶囊以一端附着在水草、石块上，另一端悬于水中。小极北鲵在 30 天以后孵化，它们在水中长大，并捕食水里的小型昆虫。

巫山北鲵——体型较大

巫山北鲵在小鲵科中是体形比较大的，一般雄鲵 150～200 毫米，雌鲵 130～165 毫米。头长略大于头宽，吻端宽圆而扁，吻棱不显，唇褶显著，上唇褶掩盖下颌后半段的大部分；上下颌有细齿，犁骨齿一般细长，位于内鼻孔内前方，间距宽，排列呈"八"形，左右不相遇，少数呈"——"形；舌长椭圆形，两侧游离，前后端无游离缘。前颌骨间囟门较大。鼻孔近吻端，眼小于吻长。前后肢贴体相对时，多数指、趾端达到对方的掌部，少数仅相遇，个别的不相遇；掌、蹠部腹面有棕色角质鞘，指 4，趾 5，指、趾扁平，末端钝圆，基部无蹼，也无掌蹠突。

巫山北鲵的皮肤光滑，自眼后角到颞部有一条纵沟，下眼睑后端有一斜浅沟达上颌缘基部；尾背鳍褶厚；体侧肋沟多为 11 条；咽喉部有若干纵肤褶；颈褶弧形；指、掌、趾、蹠底部及尾尖均有棕色角质鞘。体背呈黄褐、灰褐色或绿褐色，其上有黑褐或灰褐色大斑，腹面乳白色或乳黄色，有的有黑褐色小点。肛孔纵裂，其前方有一肉质皱褶。

巫山北鲵分布于河南、陕西、四川、湖北等省，大多生活在海拔 910～2350 米的山区流溪中。沟内石块甚多，水流平缓，一般两岸植被较为丰富。成鲵以水栖为主，多栖息在水中或沟边土缝或石缝内，沟内有较多的毛翅目昆虫的幼虫，少数岸上活动。

3 月下旬至 4 月上旬是巫山北鲵的繁殖季节，雌鲵在流水中产卵，卵胶囊每两个成对，以一端粘附在石下，整个卵胶囊浸没在水中，每对卵胶囊中共有卵 12～42 粒左右。

知识点

阿拉套山

　　天山山系的阿拉套山位于新疆博尔塔拉蒙古自治州的北部（东经80°30′～82°45′，北纬44°40′～45°20′）。山脉东西走向，其北坡为哈萨克斯坦共和国。沿山脉南坡分布有一花岗岩带，其中有些岩体伴有钨、锡矿床，并有一定经济意义。研究区位于巩乃斯板块（中国科学院登山科学考察队，1985）的东北边缘。巩乃斯板块与其东北的准噶尔板块在本区以艾比湖断裂为界，板块边界在艾比湖附近呈北西－南东走向，在艾比湖以北的哈萨克斯坦共和国境内，变为北西西－南东东走向。

➡ 延伸阅读

新疆北鲵的特殊之处

　　北鲵的长相会使你有几分惊奇：头像青蛙的脑袋，竖着的扁尾，占整个身体的一半，皮肤光滑，在陆地上身体为淡黄色，在水中生活的新疆北鲵为褐色，身上有深褐色或黑褐色斑点。腹部灰白色，体侧有肋沟12～13条，前肢四指，后肢五指，俨然如出生婴儿的手指。新疆北鲵只有一只在叫的时候，它的叫声像青蛙的鸣叫声，如果很多只有一只在叫的时候，它的叫声就像低频婴儿的哭声。被称为娃娃鱼的动物有40多种，而新疆北鲵是最原始的一种有尾两栖类卵生动物，它在小鲵科的分类、系统演化方面有重要的学术价值，在脊椎动物的系统演化中具有不可替代的作用，因此新疆北鲵被称为"活化石"。

蝾　螈　类

本部分主要介绍两栖纲有尾目蝾螈科中的常见动物。蝾螈类动物中，有些种类在冬眠前到陆地上蛰伏，夏秋季多数时间在水内觅食和繁殖，产卵期2～5个月，卵产于水内，也可全年在水内生活，如蝾螈等；有些种类主要生活在水里，觅食和产卵均在水中进行，如肥螈、瘰螈；还有些种类主要在陆地上栖息和觅食，仅繁殖期才进入水域内，但繁殖期短，产卵在水中或在岸边潮湿的地面上，如疣螈和棘螈。

蝾　螈

蓝尾蝾螈——长有蓝尾巴

蓝尾蝾螈是我国的特有动物之一，资源量丰富。蓝尾蝾螈的头部扁平，吻端钝圆；唇褶在口角前缘较显著；上下颌具细齿，犁骨齿"∧"形，前端会合。前肢细弱，指细长；后肢较粗壮略长；前后肢贴体相对时，雄螈指、趾末端略重叠，雌螈指、趾端相遇或不相遇；外掌突明显；有外蹠突。尾长短于头体长，尾基侧扁，尾鳍褶平直；肛孔长裂形。

蓝尾蝾螈的皮肤较粗糙，体、尾背面满布痣粒；枕部"V"形隆起与背嵴棱相连；耳后腺不明显；颈褶较明显；咽喉部有细痣粒，胸腹部较光滑。

蓝尾蝾螈的颜色变异较大，多数个体背面为蓝绿色，有的为黑色、黑褐色

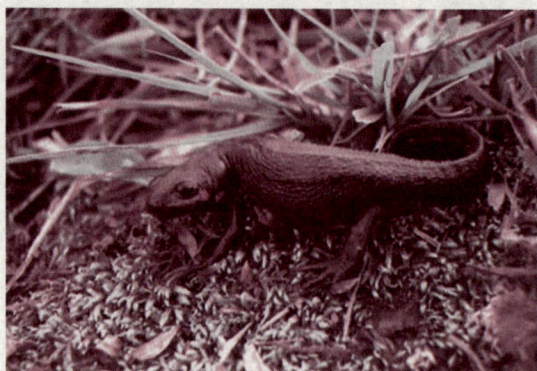

蓝尾蝾螈

或黄褐色，色浅者有分散的黑斑点；眼后角下方和口角后方有两个醒目的橘红色斑；头体腹面橘红色，散有不规则的深色斑纹；肛部的色斑均在其前半段为橘红色，后半段为灰黑色；尾腹鳍褶橘红色；在其上缘深色波纹状斑纹。

蓝尾蝾螈分布于云贵高原，生活在永久性静水水域及其附近。水域内一般有水生草本植物，附近林木繁茂，杂草丛生，石缝、土穴多，地面阴湿。在产地数量众多，是当地两栖动物的优势种。一般不远离水源，白天多隐匿在岸边潮湿阴暗的洞穴中，晚上入水觅食。在繁殖期间，白天多在水中活动。冬眠期此蝾螈一般静伏于水域附近的石穴或土洞等潮湿环境中。

蓝尾蝾螈是体内受精，雌螈纳入精子团并贮存在精囊内，卵子经过贮精囊时，精卵结合，产出的卵即为受精卵。4月下旬至10月上旬是蓝尾蝾螈的繁殖期，繁殖期多在水域内或附近活动，繁殖盛期是5~6月。

蓝尾蝾螈在产地的数量甚多，主要以多种水生小型动物和昆虫及其幼虫为食，如水丝蚓、水蚤、剑水蚤，以及爬入水中的蚯蚓等，对防除农业和危害人体健康的害虫有一定的作用。在饲养过程中发现成螈常常蚕食卵粒，同时也连同植物叶片吞食下去，还发现有吞吃自己蜕下的皮肤的现象。

蓝尾蝾螈在室内易于饲养，背面颜色多样，腹面橘红与黑色相间成大花斑，非常醒目，饲养在动物园或庭园内可作为观赏动物。

东方蝾螈——灭虫能手

东方蝾螈在产地有水八狗、海八狗、水龙、泉水狗、四足鱼、潜水狗等名称。身体全长不超过100毫米，尾长短于头体长，头部平扁，吻端钝圆，吻棱较明显；鼻孔近吻端。犁骨齿"∧"形；舌卵圆形，两侧游离，背崎棱微显，四肢细长，前后肢贴体相对时，指、趾端互相末端均较钝尖，无蹼；内外掌、蹠突微显或不显。雄性肛部显著肥肿，肛裂较长，后缘内侧有绒毛状突起；雌性肛部呈丘状突起。肛裂短，肛缘光滑。

皮肤较光滑，背面满布小痣粒及细沟纹；颈褶清晰，耳后腺发达，腹面皮肤较光滑；背面及体侧为黑色，有蜡样光泽；多数个体无斑纹，个别的有深浅相间隐约可见的斑纹。腹面朱红杂以黑斑，变异颇大，多数个体在颈褶下方至腹后部有一块"T"形朱红斑，两侧缀以不规则黑斑；四肢基部、肛前部及尾腹鳍褶缘朱红，肛后半部黑色。肛前部橘红色，后半部为黑色。

东方蝾螈生活在山区水草多的泥底静水塘中或小河内或稻田内，产地数量较多，分布于我国的河南、湖北、安徽、江苏、浙江、江西、湖南、福建等省。捕食水生昆虫和昆虫卵、幼虫以及其他小型水生动物，对消灭农田虫害和危害人类健康的蚊子等有一定的作用。

3～5月间是东方蝾螈的产卵期，4月下旬至5月上旬达到高峰。雄螈在排出精包之前，表现出求偶行为。平均每只雌螈可产卵100多枚，大约经15～20天孵出，刚孵出的幼体全长10～12毫米就能消灭农田的害虫及蚊子。东方蝾螈在室内易于饲养并能在室内繁殖，可以作为观赏动物在动物园或家庭内饲养。

阿尔卑斯黑真螈——终生栖于陆地

阿尔卑斯黑真螈，成体全长16厘米，但多数个体小于此值，尾后端尖细。主要分布在欧洲东部的温带地区，栖息于海拔700～1000米的山地。它一生都栖于陆地，甚至在生殖季节也不例外。通常栖息在海拔400～2800米的山地，在海拔800～2000米数量最多。栖息地多为阔叶或针叶林地，以及林线以上的草地、灌木荒地。

阿尔卑斯黑真螈成片分布于阿尔卑斯山及其毗邻的瑞士、德国南端、奥地利、意大利北部、斯洛文尼亚和克罗地亚西北部山区。分隔的群体分布于波士尼亚（原南斯拉夫中部）南部、阿尔巴尼亚北缘以及其间的零散分布。主要在夜间活动，有时白天也可在隐蔽处发现，偶尔见于更开阔的地方，特别是雨后或潮湿的天气，藏身于石头或木块下，以及洞穴中。

它们适应了缺水环境，以卵胎生的方式繁殖后代。受精卵在输卵管中发育成胚胎，存活的胚胎首先消耗其本身的卵黄，然后食其他卵的卵黄，最后形成鳃，鳃长是其身长的一半，鳃与输卵管密切联系以汲取营养，就像哺乳动物从母亲的胎盘吸收营养一样。

在繁殖季节，雌螈每次只产两只已完成变态的幼体，实际上在雌螈的每侧输卵管内形成 30 个卵，但只有第一个卵可以发育。幼体出生时，长 4 厘米，幼体用肺呼吸。幼螈性成熟期在较低纬度地区为两年，在高纬度地区则需 3 年。性成熟期长，寿命也较长，通常可活 20 年以上。

洞螈——在洞中生活

洞螈是终生生活在地下水形成的暗洞里的一种水生蝾螈，时常将鼻孔伸出水面呼吸空气。它们身躯庞大，体全长达 30 厘米，全身呈白色，四肢细小；头也很小，头骨多软骨质；前肢长着 3 个手指，后肢有两个脚趾。洞螈通过鳃呼吸，鳃位于头的后面身体的外面，两侧都有，是透明的，看起来微带红色，因为里面有血液在流动。它们有两对鳃孔和 3 对发达的外鳃。

洞螈生活在漆黑的洞穴中，它们没有眼睛，皮肤中没有色素，但是在光照下洞螈的肤色可变成黑色，回暗洞后肤色又恢复原状。有趣的是，如果洞螈生活在有光线的地方，它们将拥有眼睛和褐色的皮肤，但是这个眼睛不是完全的，缺失重要的视神经，所以虽然洞螈有眼睛，但仍然是盲目的。

洞螈多为卵生，有时卵胎生，卵分散贴附于石下。亲螈有护卵习性，孵卵期约 3 个月。幼体阶段可看到眼，背面有鳍褶，发育为成体时，其他结构无改变，为永久性幼体形态。

据说洞螈能活 100 年以上，但至今尚未得到证实。因为在自然环境中对洞螈进行考察非常困难。洞螈能在没有食物的情况下生活 6 年，科学家认为这和洞穴内水的低温和其机体的低代谢状态有关。

知识点

水丝蚓

水丝蚓，颤蚓科，又叫丝蚓、线虫、红虫、红线虫等，体细长，长 5～6 厘米。红褐色，后端黄绿色，末端每侧有血管四条，形成血管网，起呼吸作用。通常每节有刚毛四束。栖息沟渠等浅水处，前端埋没污泥中，尾部在水中摇曳，分布于我国各地，可作鱼类的食饵，在水田中可危害秧苗。

延伸阅读

虎纹钝口的美洲蝾螈

虎纹钝口螈的背面皮肤黑色并有黄色斑纹和条纹，很像虎的花纹，因此而得名。虎纹钝口螈身体全长 13～23 厘米。头宽，眼较小，舌大。它们广泛分布在北起阿拉斯加东南部，南至墨西哥高原的美洲大陆上。生活于湿地，穴居。体内受精，繁殖期间进入水塘或小溪中产卵。卵通常附着在树枝和其他物体上。幼体生活在江湖、沼泽中，有外鳃及尾鳍，称"美西螈"；因幼体虽形态尚未完成变态，但大多数已性成熟亦可生殖，故以前误认为它是另一种动物，幼体大多一年完成变态。寿命较长，一般为 25 年左右。

肥螈和瘰螈

黑斑肥螈——"四脚鱼"

黑斑肥螈栖居于海拔 800～1700 米山丘的溪流石隙处。背面及体侧棕黑色，腹面橘黄或橘红色，通体有棕黑圆斑，一般躯背有圆斑 10～15 排，腹面圆斑较少，全长 155～190 毫米。头部稍扁平，吻端钝圆，吻棱不显，犁骨齿"∧"形，舌大而相连口腔底。躯干粗壮，四肢较短，尾长与头体长几乎相等。尾侧扁而基部粗厚。皮肤光滑，颈褶清晰。

肥螈 5～6 月间产卵，卵乳白色成堆贴附在石块下，卵胶囊外径 7.5 毫米。幼体全长 70 毫米时已完全变态。

肥螈捕食蜉蝣目、襀翅目、双翅目、鞘翅目等昆虫，对农林害虫有一定的防治作用。产地群众曾以诱饵（蚯蚓等）捕钓食用，其肉味鲜美。该螈色泽鲜艳且易饲养，动物园或家庭都可作观赏动物。浙江和福建地区以往曾有批量外销。国内分布于浙江、江西、福建、广东、广西、湖南，国外分布于越南北部。

无斑肥螈——"狗崽鱼"

无斑肥螈与黑斑肥螈的区别，主要是背面及体侧为一致的棕褐色；腹面有橘红或梅黄斑，无深色圆斑；腹面色浅有或多或少的橘红或橘黄色大斑块；尾上、下缘橘红色连续或间断。

雄螈全长 153～191.5 毫米，雌螈 129～198 毫米。体形肥壮，头部扁平，吻端圆，头侧无脊棱，唇褶发达，犁骨齿列呈"∧"形。体表光滑，四肢粗短，前后肢贴体相对时，指、趾端相距甚远。尾长短于头体长。

无斑肥螈

无斑肥螈大都栖息在海拔 50～1800 米较为平缓的大小山溪内。溪内大小石块甚多，溪底多积有粗砂，水质清澈。肥螈栖于水洼内或水流平缓处的大石下，以水栖生活为主，夜晚出外多在水底石上爬行，白天仅有少数肥螈在石边或水塘内游泳。体表富有黏液，以手捕捉比较困难，有一种特殊的硫磺气味。

4～7 月繁殖，产卵 30～50 粒，多为 10 粒以上成群黏附在水中石上或杂物上。幼体经过 2～3 年达性成熟。成螈捕食象鼻虫、石蝇、螺类、虾、蟹等小动物。分布于贵州、安徽、浙江、湖南、广东（北部）、广西。

我国湖南宜章地区民间将肥螈内脏清除后，晒干研成粉末，以酒或温开水冲服，用于治疗痢疾和胃病。该螈数量较多，在捕食害虫方面有一定作用。此外，无斑肥螈体色鲜艳，不易死亡，动物园或家庭饲养可作为观赏动物。

中国瘰螈——最常见的瘰螈

中国瘰螈的外形与尾斑瘰螈相似，但中国瘰螈吻长与眼径几乎等长，背面有一条浅色脊纹或无，腹面色深有浅色斑，雄性尾侧无斑；指、趾没缘膜，全长 126～150 毫米。头部扁平，头项略凹。头长大于头宽，吻端钝圆，吻棱明显。鼻孔近吻端；上下颌具细齿；舌小近圆形，两侧缘游离。躯干浑圆。前肢较细长，指端圆钝，基部无蹼。尾部侧扁，尾梢钝圆，尾长略大于全身的一半。皮肤粗糙，体背与体侧布满分散瘰粒。体背与尾侧为褐色；背脊棱暗红；体侧与腹面色浅；腹面有橘红或黄色块斑。

中国瘰螈多栖息于山溪缓流中，冬季到深水处。溪底多有小石子和泥沙，或栖息在溪旁深草丛中和腐叶遮盖的潮湿地方，主要以昆虫（包括水生昆虫）为食，也吃蚯蚓、螺类等，耐饥力强。室内饲养投喂蚯蚓、蛙肉等。常在沟底或岸边觅食，钓鱼时经常能钓获。产卵期在 7 ~ 8 月，产卵量 200 枚左右。国内分布于浙江、安徽、福建、湖南、广东、广西。

中国瘰螈

知识点

蜉蝣目

蜉蝣起源于古生代，现存种类保留着一系列祖征和独征，它们对探讨和研究有翅昆虫的起源和演化具有十分重要的价值。蜉蝣是一类独特而美丽的昆虫。它的稚虫生活在水中，羽化后成为亚成虫。亚成虫再蜕皮一次就变为能交尾、产卵的成虫（个别种类的亚成虫也能交尾产卵）。亚成虫和成虫都能够在空中飞行，成虫体壁薄而有光泽，常见为白色和淡黄色。有翅一对或两对，飞行时振动频率很小。腹末有长而分节的终尾丝两或三根，飞行时在空中随风飘动。又由于成虫期蜉蝣不饮不食，肠内贮有空气，身体比重较小，故蜉蝣飞行姿态十分优雅美丽。

延伸阅读

尾斑瘰螈——中国特有的"化骨丹"

尾斑瘰螈是蝾螈科瘰螈属的两栖动物，俗名化骨丹，是中国的特有物种。

雄螈全长 122～145.5 毫米，雌螈 131～154 毫米。头部略扁平，呈梯形，吻端平切，头则有腺质脊棱；唇褶极发达。皮肤较粗糙，在不规则的沟纹间满布小瘰粒，前后肢体相对时、指、趾末端天然互达对方掌蹠部；均具缘膜而宽肩。尾短于头体长，鳍褶较薄。足体背面棕褐色，有 3 行土黄色纵纹。雄螈尾的中段和后段有紫红斑，体腹面有橘红斑。尾斑瘰螈营水栖生活，匍匐在水底光滑的石滩上或水边烂枝叶下，未发现在陆地活动。以水生昆虫、鞘翅目幼虫、虾和蝌蚪等为食，常栖于溪底石上或岸边。4 月底产卵，卵单粒粘附在石缝内，胶囊椭圆形，动物极棕色，植物极乳白色，分布于贵州（雷山、梵净山）、湖南（西南部）。尾斑瘰螈一般生活在海拔 500～1800 米林区的回水凼、小溪流、大河边，有时在溪边、静水池边也有。尾斑瘰螈捕食蜻、飞虱、叶蝉、竹节虫、蚁类、蜈蚣等昆虫，还有螺类、螃蟹、虾类、蜘蛛、蚯蚓、蛙卵以及植物叶片和种子等。总体上来说，它是一种对农林业有益的动物，可对农作物和林木起到保护作用。该螈有毒性，食者曾发生中毒死亡事件，因此不可捕捉食用。

疣螈和棘螈

红瘰疣螈——娃娃蛇

红瘰疣螈因为身体两侧、头部、四肢、尾部和肛周有排列规则的棕红色或棕黄色球形瘰疣而得名，其余皮肤的颜色是呈现棕黑为主，是我国二级保护动物，多栖息于我国云南以及尼泊尔、印度、泰国、缅甸等地区海拔 1000～2400 米的山林及稻田附近，营陆地生活。

雄性红瘰疣螈比雌性的稍微小一点，但身体全长也有 13 厘米。它们头部扁平，躯干呈圆柱状，尾部侧扁，尾末端薄而钝圆；吻端钝圆，上下颌有小细齿。舌小近圆形；红瘰疣螈四肢发达，后肢略长于前肢，前肢 4 指，后肢 5 趾。在水里游泳的时候，红瘰疣螈后肢推动身体前进，腹部拖着地。

5～6 月是红瘰疣螈的繁殖季节，雌雄成体进入静水塘或稻田、水井内交配产卵，卵单粒或连成单行，分散贴附在水塘岸边草间或石上，有的连成一串或成片。

红瘰疣螈具有一定的药用价值，云南当地居民将成体捕捉后，清除内脏，晒干作为药用，伪称为"蛤蚧"（真的蛤蚧为类似壁虎的另一种爬行动物）。据称将干品研成粉末，拌入碎猪肉内煮成肉丸子，小儿服用可治疗疳积、夜哭、虚弱等病症。

贵州疣螈——我国西南的珍贵螈类

贵州疣螈只在我国云南、贵州两省才有分布，当地称为苗婆蛇、土蛤蚧、描包石。贵州疣螈体形和体表色斑与红瘰疣螈极相似，皮肤粗糙，体表长着许多疣粒，但体侧有纵行密集瘰疣，腹面光滑。贵州疣螈的最大的特征是在头背与体腹黑褐色背脊和体侧瘰粒部位有 3 条土黄色宽纵纹；尾部土黄色；指、趾端的背腹面橘红色。

贵州疣螈的身体粗壮，全长 16 ~ 21 厘米，头宽而扁平，四肢粗短，指、趾端钝圆，尾长比头和身体加在一起稍短一点，前后肢贴体相对时，指、趾末端相遇。

贵州疣螈栖居在云贵高原海拔 1500 ~ 2400 米的山区小溪缓流、小水塘、浸水洼中，那里乔木稀疏、灌木与杂草丛生、水底多细沙石砾和淤泥。它们以陆栖为主，白天隐居在阴暗的土穴、石洞或树根杂草下，难以发现。当雷雨天气、地面积水较多，白天也出外活动，但是一般情况下夜晚出外觅食，它们的食物主要是昆虫、蚯蚓，以及小螺、蚌和蝌蚪等小型动物。贵州疣螈在 7 月繁殖。现在数量稀少，是国家二级保护动物。

大凉疣螈——"羌活鱼"的代用品

大凉疣螈主要分布于我国四川的汉源、石棉、冕宁、美姑、昭觉、峨边、马边等地。在四川石棉县将大凉疣螈收购作为"羌活鱼"的代用品，据称可以治疗胃病、血虚脾弱、小儿疳积病症。

大凉疣螈头部扁平，吻端平切而较高，近似方形；沿吻背缘两侧至耳后腺显著隆起呈嵴棱状；鼻孔近吻端；唇缘平直，舌椭圆，两侧游离。躯干粗壮，背正中自头后至尾基部嵴棱显著。四肢较长，前后肢贴体相对时，指趾略重叠或相互达对方掌、蹠部；没有关节下瘤或者掌蹠突，趾间没有蹼。尾部的肌肉不发达，极为侧扁，长度大于头和体的总长。

大凉疣螈的皮肤很粗糙，除唇缘、指、趾及尾下缘比较光滑以外，其余地

大凉疣螈

方均满布大小疣粒，头部及背嵴有明显的嵴棱，有的在背嵴上出现分节的凹痕；腹面密布细窄横纹，颈褶明显。生活时周身黑褐色，背面色较深。耳后腺、指、趾、肛裂周缘至尾下缘为橘红色。雄性上臂前缘有小于耳后腺大小的橘红斑；肛缘橘红纹较窄。

大凉疣螈生活在海拔 1390 ～ 2650 米的植被丰茂、环境潮湿的山间凹地。成螈以陆栖生活为主，5～6 月进入静水塘、积水、洼地、稻田以及缓流溪沟内寻偶配对。雌螈产卵 250～280 粒，卵单粒，分散在水生植物间，卵径 2～2.2 毫米，动物极为棕黑色，植物极为乳黄色。非繁殖期白天多隐蔽在石穴、土洞或草丛下，夜间出外觅食昆虫及其他小动物。

镇海棘螈——地球的古老居民

生活于海拔 100～200 米的丘陵地区的镇海棘螈，早在 1500 万年前就诞生了，是一种名副其实的活化石。镇海棘螈以陆栖为主，捕食多种有害昆虫及小型动物，如蚯蚓、蜗牛、小型螺类、蜈蚣、步行虫等，对农作物和林业有一定的保护作用，但其数量甚少，已濒于绝灭。

镇海棘螈的分布区极为狭窄，目前仅发现于我国东部沿海的丘陵地区，该地区气候温和，雨量充沛，植被较繁茂，地面杂草丛生，终年积水的水塘和水沟较多，周围有石穴和土洞。镇海棘螈的成体完全陆栖，大多生活在阴暗潮湿，多腐殖质，疏松的土穴内、石块下、石缝中；也有在草丛中的，白昼不出外活动，夜间行动迟缓。

镇海棘螈的皮肤粗糙，背腹面几乎布满大小不等的疣粒，胸部中央的疣粒扁平。上下唇缘、指趾腹面、尾腹鳍褶等部位光滑无疣。躯干和背面都比较平坦，体侧有许多疣粒堆集而排列成行的瘰疣，瘰疣较小，有 12 枚左右，彼此界限不清；背中央嵴棱突出；嵴棱的皮肤紧贴髓棘，可分辨出每个髓棘的轮廓；嵴棱两侧与肋骨相应有斜行棱起；四肢贴体相对时，指趾端重叠。

生活时，镇海棘螈体色棕黑。嘴角后突起、耳后腺后缘、指趾腹面以及尾腹鳍褶均为桔黄色，有的个体体侧瘰疣和肛裂边缘有橘黄色点。

4月，镇海棘螈开始进入产卵场所，产卵环境一般选择在静水沟或小水坑附近，水域周围植被繁茂，杂草丛生，地面潮湿。产卵于陆地上，产卵多在雷阵雨后的夜间进行，当时气温18℃～22℃，卵单生堆集成群，晶亮透明宛如珍珠。

知识点

步 行 虫

步行虫是鞘翅目，步甲科昆虫的别名，全世界大约有20000多种。它们的特点是腿长，有闪光的黑色或者褐色的翅鞘，有许多种后面的翅膀已经退化或完全没有。步行虫喜欢栖息在潮湿凉爽的地区，受到骚扰的时候，它们靠腿逃跑，是飞走。幼虫多数也是肉食者，只有少数食草。它们都有尖而空出的口器，一对像刚毛一样的尾总附属肢体。许多种步行虫能分泌一种发臭的液体，以令它们的敌人闻而却步。

延伸阅读

细痣棘螈——"山狼狗"

细痣棘螈又叫细痣疣螈，全长大约130毫米左右，周身满布疣瘰粒，就像全身同样长满疣瘰粒的癞蛤蟆，背中嵴棱更加明显，体侧具排列纵行的16～29个大瘰粒。细痣疣螈头部扁平，头顶略凹，眼睛大而突出。它们通体黑褐色，腹面色浅。泄殖孔周及尾腹缘橘红色。细痣棘螈栖于海拔1100米的水塘边或近水石缝及腐烂植物堆下。夜晚外出以蚯蚓、蚊蝇、蜘蛛及昆虫为食。叫声似狼狗，所以俗称山狼狗。繁殖期5～7月，每年产卵两次以上，每次产卵40～60枚，一般产卵于山凹水坑岸边的斜坡上的腐叶下。卵为单个分散或堆成一团，卵呈淡黄色圆形，外包以胶质膜，直径约3～4毫米，充分吸水膨胀后的卵胶膜直径可达10毫米左右。细痣棘螈种群数量很少，为国家二级保护动物。国内分布在广西、贵州、湖南、安徽，国外分布于越南北部。

几类特殊的螈

大鳗螈

大鳗螈原本用于连接腿和身体的骨盆退化了，身体细长，就像一条鳗鱼。它们体形巨大，因此得名。大鳗螈的身长一般都有 60～70 厘米，有的甚至达到 100 厘米。成体终身有 2～3 对外鳃和 3 对鳃裂；有肺、毛细血管占 60% 并参与呼吸。无上腭骨，腭部由角质鞘代替牙齿。眼小，没有眼皮，不能眨动。大鳗螈前肢短小，有 4 趾，无蹼；后肢完全退化。尾巴短而末端尖细，体背暗灰绿色，腹部色淡。

雌性每次产卵 300 多枚，大小为 7～9 毫米。刚产出的卵已完全发育，产下的卵依附在水生植物上及其根部，几个星期后原来在卵内已经发育的、长达 5～10 毫米的幼体开始孵化出来。

大鳗螈以昆虫等为食，分布于美国东南部和墨西哥东北部，生活在水池、泥沼中，经常到水面呼吸，偶尔也到陆地活动，平时隐藏在水生植物风信子的根部。它们能翻挖泥浆，使自身埋藏在泥下而度过干旱期，此间皮肤失去黏滑性。

北部湾淮中螈

北部湾淮中螈主要分布在越南北部。身体全长约 20 厘米左右。头部扁平，犁骨齿列"Ω"形。四肢细弱而长，躯干呈现圆柱，尾侧扁。皮肤粗糙有疣。体侧有腺质棱脊，背正中有嵴棱，背面瘰粒分散均匀，沿体两侧的略大而明显。腹面橘红色显著。

北部湾淮中螈通常隐匿在溪流中的石头下或溪旁的杂草丛中，以及被腐叶遮盖的潮湿土穴、石缝内，多以鞘翅目的成虫和鳞翅目的幼虫等多种昆虫为食。繁殖期间雄性背部脊棱消失。4 月产卵于溪流内，贴附在石缝间，每次产卵约 60 粒。卵呈椭圆形。

代氏无肺螈

代氏无肺螈完全没有肺，有一对自鼻孔至上唇的鼻唇沟，来起到嗅觉的功能。犁骨齿多着生在副蝶骨上。在个体发育过程中，幼体期的犁骨齿可与钝口螈的类比，成体的犁骨齿有过渡型，也因此被认为与钝口螈有较近的亲缘关系。

代氏无肺螈主要分布在北美南部。有陆栖、树栖（多有缠绕性长尾）、穴居（眼多退化）或水栖等方式。由于栖息环境和生态习性的多种多样，体形也相应地或细长或粗短。

陆栖性强的绝大多数种类在地面上交配，也有在潮湿的小环境（如洞穴内）产卵的，卵和幼体不进入水中，为直接发育类型，也有若干种类产卵时回到水中，卵与幼体在水中生长发育，少数属种为童体型。雄性颏部和体尾背面有婚腺，在发生性行为时，用婚腺的分泌物刺激雌性，使它辨别并纳入同种的精包，亲体或有护卵习性。

西部红背无肺螈

西部红背无肺螈是惟一分布在热带的种类，主要分布在北美洲，特别是阿巴拉契亚山脉。它也是没有肺的螈，主要靠皮肤和口腔内膜呼吸，身体全长10～20厘米。

由于生活在远离池塘和溪流的缺水地方，西部红背无肺螈的幼体发育时不经历水生的阶段，而且西部红背无肺螈的生殖行为也适宜不了干旱的环境，雄体将精包直接置入雌体的泄殖腔，它们将卵产在岸边浅水中或陆上的物体下、朽木中，甚至地下。雌体守护数周至幼体孵出，幼体水栖、有鳃，有尾鳍，有牙，初无肢体，以水生无脊椎动物为食。幼体经变态成为成体，初变态的成体比较小，经一年或者数年后达到性成熟。这种西部红背无肺螈受到威胁时，会自行截断尾巴从而逃避敌害。

知识点

鳞 翅 目

鳞翅目包括蛾、蝶两类昆虫，属有翅亚纲、全变态类。全世界已知约20万种，中国已知约8000余种。该目为昆虫纲中仅次于鞘翅目的第二个大目，分布范围极广，以热带种类最为丰富。绝大多数种类的幼虫为害各类栽培植物，体形较大者常食尽叶片或钻蛀枝干。体形较小者往往卷叶、缀叶、结鞘、吐丝结网或钻入植物组织取食为害。成虫多以花蜜等作为补充营养，或口器退化不再取食，一般不造成直接危害。

▶▶▶ 延伸阅读

斑泥螈——美国"泥小狗"

斑泥螈分布于北美东部的湖泊、江河和沼泽地，通常栖息在河沼的底部，日间隐伏在石下或埋藏在泥里，行动缓慢，因误以为其能像小狗一样汪汪叫而又得名"泥小狗"。斑泥螈成体全长约20～60厘米，灰色或棕色，间有稀疏的浅黑色斑点，尾鳍赤黄色。头和躯干扁平，尾侧扁。附肢短小，具4趾。保留3对鲜红的外鳃。以小动物或其他水生动物的卵为食。体内受精，卵生。美国南部的种类，普遍称水狗，共有5种。

蚓 螈 类

蚓螈类有 5 个科，隶属蚓螈目，有大约 165 种。一般都生活在较松的土壤里或热带森林枯叶层中的下部，但有些种类生活在溪流和河流中。所有的蚓螈类都是肉食性动物，它们的食物包括蚯蚓、白蚁以及其他的无脊椎动物。蚓螈类都是体内受精，雄性的泄殖腔的一部分膨胀后插入雌性泄殖腔中进行受精。某些种类在水中产卵，这些种类的卵孵化后，幼体具有外鳃，能在水中游泳，变态后登陆；有些种类在土壤中产卵，卵孵化后个体没有变态过程；有些种类是卵胎生，卵在体内孵化。

两种蚓螈

环管蚓螈——南美的"巨蚯蚓"

环管蚓是一种原始的两栖动物，头扁平且较坚硬，善于在土中潜行。它们的身体呈长圆柱形，没有四肢，像蚯蚓，全长约 40 厘米。鼻孔靠近吻端。眼睛小且没有眼睑。鼻和眼之间有可伸缩的"触突"，可能是它们的感觉器官。

环管蚓的身体表面光滑有一些溢纹（或环褶），皮肤上腺体丰富，有许多黏液，皮肤内没有细鳞。环管蚓的幼体有鳃，露在身体外面，而长大以后就没有了鳃而变成肺，有趣的是一般它们的右肺发达而左肺退化，尽管有肺，但环管蚓仍然以皮肤呼吸为主，气管和食道也可以辅助呼吸。在交尾季节，雄性的泄殖腔翻出成为"阴茎"，即交接器，行体内受精。

环管蚓主要分布于南美洲的巴西、圭亚那、秘鲁、厄瓜多尔等地区的热带雨林里，一般栖息在各种淡水域附近的潮湿的木块、石块下或溪河边的石洞内。它们夜间出来觅食蚂蚁、蛾子、蝼蛄和蚯蚓等，幼体以水生昆虫为食。一般在大雨之后容易见到。

版纳鱼螈——我国唯一的蚓螈

版纳鱼螈是我国蚓螈目两栖动物的唯一代表，首次发现于云南西双版纳，因此得名。

版纳鱼螈多栖息于海拔 200～600 米，林木茂密的土山地区，喜居水草丛生的山溪和土地肥沃的田边池畔与水相连的洞穴中，昼伏夜出，觅食蠕虫和昆虫的幼虫。

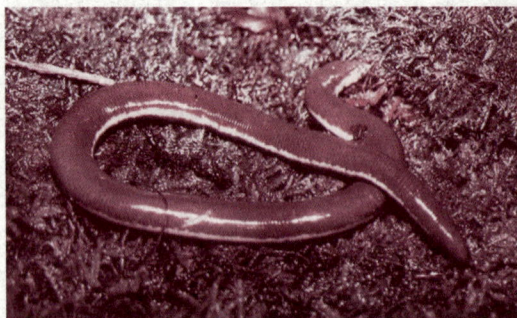

版纳鱼螈

幼体有极不发达的上下尾鳍，在水中作游泳器官。成体体长 300～400 毫米，呈蠕虫状，乍看似蚯蚓，但头部扁平，体呈圆筒状，被覆环褶或半环状皮肤褶，环褶的上表面有双行环形排列的小圆鳞，被前一环褶覆盖（这是蚓螈目少数种特有的特征），没有四肢和尾。由于长期适应穴居，眼隐于皮下，眼鼻间有触突。

在我国主要分布在云南西双版纳山间盆地中，常在溪沟中活动，此外，在广西、广东等省区也有分布。

知识点

蝼　蛄

蝼蛄，土栖昆虫。触角短于体长，前足开掘式，缺产卵器，本科昆虫通称蝼蛄，俗名拉拉蛄、土狗。全世界已知约 50 种，中国已知 4 种：华北蝼蛄、非洲蝼蛄（应该是东方蝼蛄，遍及全国，一般在长江以南东方蝼蛄较多）、欧洲蝼蛄和台湾蝼蛄。

延伸阅读

墨西哥蚓螈

墨西哥蚓螈属于典型的蚓螈，日间都栖息在土壤中，在夜间才出来觅食。与绝大多数的蚓螈一样，主要是在陆地上活动。它们与蚯蚓最大的不同处就在于它们有嘴巴用以进食，同时还拥有眼睛，虽然眼睛不是很发达。这种两栖类的存在一般人是很难察觉的。本种属于大型蚓螈，所以多以无脊椎动物为食，偶尔也会捕食小型蜥蜴。一般切碎的鱼虾肉都可以接受，人工饲料也能够欣然接受，在食物供给上并不会有任何困难。至于雌雄的辨别也十分困难，雌蚓螈将卵在体内孵化并让幼体成长至一定长度才会产下，因此幼体产下后便能够脱离雌蚓螈独立谋生。饲养这类特殊的两栖动物湿度是最重要的因素，必须保持一般两栖类同样的高湿度环境，就可以获致不错的养殖成果。